Gakken

きめる！ KIMERU SERIES BB

[きめる！共通テスト]

生物基礎
Basic Biology

著＝唐牛 穣（河合塾）

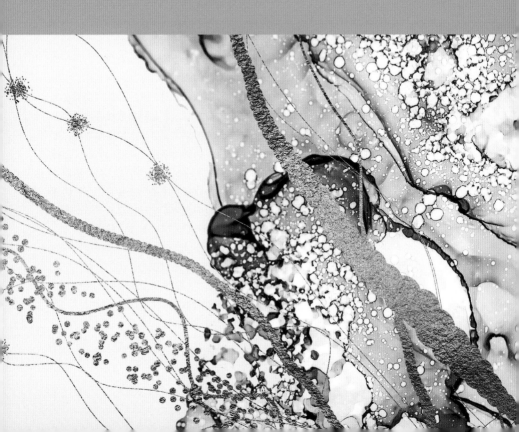

introduction

はじめに

　こんにちは。河合塾の唐牛です。これで「唐牛（かろうじ）」って読むんです。あ、濁点はとらないで下さいね。「過労死（かろうし）」になっちゃいますから（笑）。

　2021年度入試から，いよいよ「共通テスト」という新しい入試が始まります。**そもそも，共通テスト生物基礎ってどのような試験で，センター生物基礎とは何が変わるのでしょうか？** 詳しくは本書の「共通テストとは」で述べますが，共通テストの生物基礎の試験時間は30分，配点は50点です。知識問題のほかに，応用力を試される考察問題が出題されます。**知識問題は原則として教科書に載っている内容からしか出題されません**が，中学校で学習した内容が問われることもあります。また，過去のセンター試験の良問の蓄積を受け継ぐことを問題作成方針のなかで表明しています。

　したがって，共通テスト生物基礎の対策としては，教科書とセンター試験の過去問を使った学習が効果的です。しかし，**自分の使っている教科書に載っていなくても，他の高校で使われている教科書に載っている内容であれば共通テストに出題される可能性があります。**しかも，残念なことに，現時点で市販されている多くの参考書は「共通テスト生物基礎」をうたっているにもかかわらず，現行課程に対応できていなかったり，共通テストに必要のない内容が多く記載されていたりします。これでは，受験生の負担は大きくなるばかりです。私は，**少しでも受験生の負担を軽くしてあげたい！** そこで本書では，各教科書会社の教科書とセンター試験の過去問を徹底的に分析し，**どこまでが共通テストに出題され，どこからが必要ないのかを明確にしました。**また，共通テストではどのように出題されるのかといったポイントもまとめています。「何が」，「どのように」**出題されるのかさえわかれば，共通テストを攻略するのは難しくありません！** この本は，必ずや，君たちが第一志望合格に近づくための大きな助けになるでしょう。君たちが夢に向かって大きく前進できるよう心から祈っています。頑張れッ！

　この本の作成にあたり，小椋恵梨さんをはじめとする学研の皆様には製作・編集にあたり多大なご協力をいただきました。そして，家族にはいつも支えられました。こうして，この本が出版できたのも皆様のお陰です。この場を借りて，厚くお礼申し上げます。

唐牛 穣

how to use this book
本書の特長と使い方

1 基礎内容をしっかり理解し，共通テストに向けて効率的に学習できる

共通テスト生物基礎では，知識問題が配点の半分以上を占めます。しかも，知識問題は原則として教科書に載っている内容からしか出題されません。したがって，共通テスト生物基礎を攻略するためには，正確に教科書の知識を覚えることが必要になります。本書では，ポイントを明記した図を多く用いて理解を助けるとともに，共通テスト生物基礎に出題される内容にしぼって，できるかぎり簡潔でわかりやすい表現で解説しているので，効率的に学習ができます。ただ丸暗記するのではなく，理解することを心がけながら説明を読みましょう。

2 共通テストに向けおさえておくべきポイントが一目でわかる

分野ごとに Point! としてその分野の重要ポイントをまとめています。また，「ここでは何が重要で」，「何が共通テストで問われるのか」を 共通テストの秘訣！ にまとめています。さらに，図の中に，「どこに注目すればいいのか」といったポイント を書き込みました。これらの内容をおさえるだけでもかなりの効果があります。この部分に特に注意して学習して下さい。

3 実際のセンター試験などから厳選した練習問題を解き，理解度を確認する

大学入試センターは，共通テストの作成方針のなかで過去のセンター試験の良問を受け継ぐと表明しているので，過去問演習は特に効果的です。本書の各Themeには，おもに実際のセンター試験から厳選した練習問題を載せてあります。そのThemeの内容が理解できているかどうかチェックしてみましょう。また，本書の学習が終わったら，センター試験の過去問を時間を計りながら解く練習をすることでさらに理解が深まるでしょう。演習で間違ったところは本書にもどって改めてチェックして下さい。

4 取り外し可能な別冊要点集で，チェック＆復習

各Themeに載っていた Point! を，別冊の要点集にまとめました。電車の中などの空き時間の学習や，試験の前のチェックに有効活用して下さい。

contents

もくじ

はじめに …………………………………………………… 2

本書の特長と使い方 …………………………………… 3

共通テスト　特徴と対策はこれだ！ ………………… 6

CHAPTER | 1 | 生物の特徴

Theme 1	生物の多様性と共通性 ……………………	18
Theme 2	細胞 ……………………………………………	23
Theme 3	細胞や構造体の大きさ ……………………	35
Theme 4	顕微鏡 ………………………………………	42
Theme 5	エネルギーと代謝 …………………………	49
Theme 6	光合成と呼吸 ………………………………	56
Theme 7	ミトコンドリアと葉緑体 …………………	64

CHAPTER | 2 | 遺伝子とそのはたらき

Theme 8	DNAの構造……………………………………	70
Theme 9	遺伝情報の分配 ……………………………	76
Theme 10	遺伝情報の発現 ……………………………	89
Theme 11	遺伝子とゲノム ……………………………	104

CHAPTER 3 生物の体内環境

Theme 12	体液とその循環	120
Theme 13	肝臓と腎臓	137
Theme 14	自律神経系	147
Theme 15	内分泌系（ホルモン）	154
Theme 16	血糖濃度の調節	164
Theme 17	体温の調節	174
Theme 18	体液濃度の調節	180
Theme 19	免疫	188

CHAPTER 4 植生の多様性と分布

Theme 20	環境と植生	210
Theme 21	植生の遷移	222
Theme 22	気候とバイオーム	232

CHAPTER 5 生態系とその保全

Theme 23	生態系の成り立ち	248
Theme 24	物質循環とエネルギーの流れ	260
Theme 25	生態系のバランス	270
Theme 26	人間活動と生態系の保全	277

さくいん …… 289
別冊　生物基礎要点集

共通テスト 特徴と対策はこれだ！

共通テストはセンター試験とどう違うの？

　孫子の兵法にも「彼を知り己を知れば百戦殆うからず」とあります。そもそも，大学入学共通テスト（以下，共通テスト）ってどんな試験なのか知っていますか？　まずは，共通テストとはどのような試験で，どのような対策が有効なのかについて説明しましょう。

　共通テストは大学入試センターが作成します。2020年まで，大学入試センター試験（以下，センター試験）を作成していたところです。共通テストの説明をする前に，センター試験の生物基礎（以下，センター生物基礎）について少し説明しましょう。

　センター生物基礎の試験時間は30分，配点は50点です。大問数は3題で，第1問は「生物と遺伝子（生物の特徴，遺伝子とそのはたらき）」，第2問は「生物の体内環境の維持」，第3問は「生物の多様性と生態系（植生の多様性と分布，生態系とその保全）」の分野からそれぞれ出題されます。センター生物基礎は2015年～2020年の6回実施されました（追試を含めると12回）が，平均点は25～35点（得点率50～70％）くらいで，最も平均点が高かったのは2017年の39.47点（得点率78.94％），最も平均点が低かったのは2015年の26.66点（得点率53.32％）でした。知識問題のほかに，応用力を試される考察問題が出題されます。知識問題は原則として教科書に載っている内容からしか出題されませんが，中学校で学習した内容を必要とする問題が出題されることもあります。

生物基礎で要求される知識は，教科書に載っている内容だけなんだよ！

それでは，共通テストの生物基礎（以下，共通テスト生物基礎）はセンター生物基礎からどのように変わるのでしょうか？　実は，**基本的にはセンター生物基礎とあまり変わりません**。試験時間，配点，大問数，それぞれの大問の出題分野のいずれも，センター生物基礎と同じなのです。また，大学入試センターが発表している共通テストの作成方針にも次のように書かれています。

　大学入試センター試験における問題評価・改善の蓄積を生かしつつ，共通テストで問いたい力を明確にした問題作成
　これまで問題の評価・改善を重ねてきた大学入試センター試験における良問の蓄積を受け継ぎつつ，高等学校教育を通じて大学教育の入口段階までにどのような力を身に付けていることを求めるのかをより明確にしながら問題を作成する。

　したがって，**共通テスト生物基礎でも，過去のセンター生物基礎と同様の問題が出題されます**。
　しかし，共通テストになって変わる点もあります。大学入試センターが発表している共通テストの作成方針には次のようにも書かれています。

　高等学校教育の成果として身に付けた，大学教育の基礎力となる知識・技能や思考力，判断力，表現力を問う問題作成
　平成 21 年告示高等学校学習指導要領（以下「高等学校学習指導要領」）において育成することを目指す資質・能力を踏まえ，知識の理解の質を問う問題や，思考力，判断力，表現力を発揮して解くことが求められる問題を重視する。
　また，問題作成のねらいとして問いたい力が，高等学校教育の指導のねらいとする力や大学教育の入口段階で共通に求められる力を踏まえたものとなるよう，出題教科・科目において問いたい思考力，判断力，表現力を明確にした上で問題を作成する。(注：「表現力」は変更)

つまり，今までのセンター生物基礎よりも「思考力」，「判断力」を必要とする問題の出題が増加します。一方，知識問題の出題は減少します。特に，単なる生物用語を直接的に問うような知識問題はほぼ出題されなくなるため，平均点はセンター生物基礎よりも低くなるでしょう。したがって，単なる知識の丸暗記にたよった勉強法では，高得点を獲得するのは難しいのです。

POINT
1. センター生物基礎と基本的には変わりない。
2. 「思考力」「判断力」を必要とする問題の出題。
3. 知識の丸暗記にたよった勉強法では通用しない。

「思考力」，「判断力」を必要とする問題ってどんな問題？

大学入試センターが発表している共通テストの作成方針には次のように書かれています。

理科(物理基礎，化学基礎，生物基礎，地学基礎)

日常生活や社会との関連を考慮し，科学的な事物・現象に関する基本的な概念や原理・法則などの理解と，それらを活用して科学的に探究を進める過程についての理解などを重視する。問題の作成に当たっては，身近な課題等について科学的に探究する問題や，得られたデータを整理する過程などにおいて数学的な手法を用いる問題などを含めて検討する。

ここでは「身近な課題等について科学的に探究する問題」と「得られたデータを整理する過程などにおいて数学的な手法を用いる問題」について具体的に考えてみましょう。

① 身近な課題等について科学的に探究する問題の例

A　アキラとカオルは，次の図1のように，オオカナダモの葉を光学顕微鏡で観察し，それぞれスケッチをしたところ，下の図2のようになった。

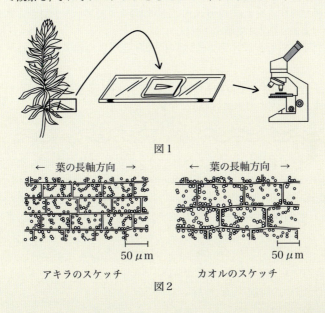

図1

図2　アキラのスケッチ　　カオルのスケッチ

アキラ：スケッチ(図2)を見ると，オオカナダモの葉緑体の大きさは，以前に授業で見たイシクラゲ(シアノバクテリアの一種)の細胞と同じくらいだ。実際に観察すると，授業で習った(a)共生説にも納得がいくね。

カオル：ちょっと，君のを見せてよ。おや，君の見ている細胞は，私が見ているのよりも少し小さいようだなあ。私のも見てごらんよ。

アキラ：どれどれ，本当だ。同じ大きさの葉を，葉の表側を上にして，同じような場所を同じ倍率で観察しているのに，細胞の大きさはだいぶ違うみたいだなあ。

カオル：調節ねじ(微動ねじ)を回して，対物レンズとプレパラートの間の距離を広げていくと，最初は小さい細胞が見えて，その次は大きい細胞が見えるよ。その後は何も見えないね。

アキラ：そうだね。それに調節ねじを同じ速さで回していると，大きい細胞が見えている時間の方が長いね。
カオル：そうか。(b)観察した部分のオオカナダモの葉は2層の細胞でできているんだ。ツバキやアサガオの葉とはだいぶ違うな。
アキラ：アサガオといえば，小学生のときに，葉をエタノールで脱色してヨウ素液で染める実験をしたね。
カオル：日光に当てた葉でデンプンがつくられることを確かめた実験のことだね。
アキラ：(c)デンプンがつくられるには，光以外の条件も必要なのかな。
カオル：オオカナダモで実験してみようよ。

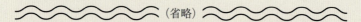
（省略）

問2 下線部(b)について，二人の会話と図2をもとに，葉の横断面（次の図3中のP-Qで切断したときの断面）の一部を模式的に示した図として最も適当なものを，下の①～⑥のうちから一つ選べ。ただし，いずれの図も，上側を葉の表側とし，▭はその位置の細胞の形と大きさとを示している。 <u>2</u>

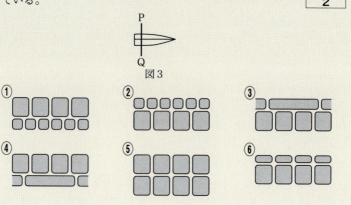

問3　下線部(c)について，葉におけるデンプン合成には，光以外に，細胞の代謝と二酸化炭素がそれぞれ必要であることを，オオカナダモで確かめたい。そこで，次の処理Ⅰ〜Ⅲについて，下の表1の植物体A〜Hを用いて，デンプン合成を調べる実験を考えた。このとき，調べるべき植物体の組合せとして最も適当なものを，下の①〜⑨のうちから一つ選べ。

　　　3

　　処理Ⅰ：温度を下げて細胞の代謝を低下させる。
　　処理Ⅱ：水中の二酸化炭素濃度を下げる。
　　処理Ⅲ：葉に当たる日光を遮断する。

表1

	処理Ⅰ	処理Ⅱ	処理Ⅲ
植物体A	×	×	×
植物体B	×	×	○
植物体C	×	○	×
植物体D	×	○	○
植物体E	○	×	×
植物体F	○	×	○
植物体G	○	○	×
植物体H	○	○	○

○：処理を行う，×：処理を行わない

① A，B，C　　② A，B，E　　③ A，C，E
④ A，D，F　　⑤ A，D，G　　⑥ A，F，G
⑦ D，F，H　　⑧ D，G，H　　⑨ F，G，H

（2018年　共通テスト試行調査　第1問より抜粋）

　上記の問題は，アキラとカオルがオオカナダモの葉を光学顕微鏡で観察し，お互いにディスカッションをしながら身近な課題等について科学的に探究する様子を題材にした問題の一部です。

問2は，オオカナダモの葉の細胞の大きさを考察する問題です。カオルの2回目の発言に「調節ねじ（微動ねじ）を回して，対物レンズとプレパラートの間の距離を広げていくと，最初は小さい細胞が見えて，その次は大きい細胞が見える」とあるので，表側（上側）の細胞の方が長軸方向に大きいことがわかります。また，アキラの3回目の発言に「調節ねじを同じ速さで回していると，大きい細胞が見えている時間の方が長い」とあることから，表側（上側）の大きい細胞の方が奥行きがある（縦方向にも大きい）ことがわかるので，正解は①です。

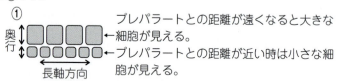

問3は，仮説を検証するためにどのような実験が必要かを考えさせる考察問題です。設問文に「葉におけるデンプン合成には，光以外に，細胞の代謝と二酸化炭素がそれぞれ必要であることを，オオカナダモで確かめたい」とあるので，「細胞の代謝」だけを低下させる処理Ⅰをした植物体Eと，「二酸化炭素濃度」だけを下げる処理Ⅱをした植物体Cを，無処理の植物体A（対照実験といいます）とそれぞれ比較すれば良いので，正解は③です。

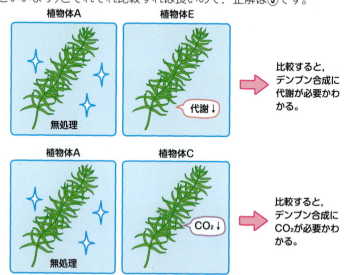

このような問題では，二つ以上の条件が異なっているものどうしを比較すると，どの条件が結果に影響を与えたのか判断できないので，何か一つだけ条件が異なるものどうしを比較するのがポイントです。このような，==与えられた文章やデータから必要な部分を抽出して分析し，生物学的な知識に基づいて論理的に解釈する力==が求められる問題や，==仮説を検証するための実験を考案するような問題==が，今後も出題されると考えられます。

> 共通テストの特徴的な問題の一つが，この仮説検証タイプの問題なんだよ！

② **得られたデータを整理する過程などにおいて数学的な手法を用いる問題**

問5 タマネギの根端細胞の細胞周期の長さを調べるため，以下の実験を行った。盛んに体細胞分裂を行っている組織をタマネギの根端から取り出し，酢酸オルセインで染色して押しつぶし標本を作った。標本を顕微鏡で観察し，標本に含まれる間期の細胞と分裂期の細胞の数を数えた。その結果，間期の細胞が168個，分裂期の細胞が42個であった。タマネギの根端の細胞の間期が20時間であるとすると，細胞周期全体の長さと分裂期の長さはそれぞれ何時間になるか，それぞれの時間の組合せとして最も適当なものを，次の①～⑥のうちから一つ選べ。　5

	細胞周期全体の長さ（時間）	分裂期の長さ（時間）
①	20	4
②	25	5
③	50	10
④	62	42
⑤	168	42
⑥	210	42

(2017年　センター生物基礎　第1問より抜粋)

この問題は，顕微鏡観察の結果をもとに，細胞周期と分裂期の長さを求める計算問題です。

　細胞周期全体に占める分裂期の長さの割合は，全体の細胞数に占める分裂期の細胞数の割合と比例します。つまり，分裂期が長いほど，細胞数が多い，ということです。また，細胞周期全体に占める間期の長さの割合は，全体の細胞数に占める間期の細胞数の割合と比例します。よって，顕微鏡観察の結果，間期の細胞が168個，分裂期の細胞が42個であり，間期の長さが20時間なので，分裂期の長さをx時間とすると次式が成り立ちます。

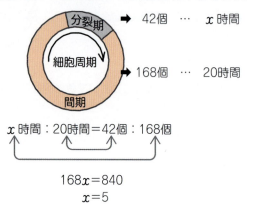

よって，分裂期の長さは5時間と求めることができます。また，細胞周期全体の長さは間期の長さと分裂期の長さの合計なので（→p.79），20時間＋5時間＝25時間と求められます。したがって，正解は②です。
　このような**計算問題**が，今後も出題されると考えられます。

> **POINT**
> ❶ データや実験結果を分析し，論理的に解釈する力が必要。
> ❷ 仮説を検証するために，どのような実験が必要であるかを考える問題の出題。
> ❸ データを整理し，数学的手法を用いて解く計算問題の出題。

共通テスト生物基礎ではどのような対策をすればいいの？

　共通テスト生物基礎もセンター生物基礎と同様に，**知識問題は原則として教科書に載っている内容からしか出題されません**。したがって，まずはしっかりと教科書の内容を理解して覚えるのが大事です。そもそも，知識が無くては共通テスト生物基礎は攻略できません。ただし，単なる生物用語を直接的に問うような知識問題はほぼ出題されなくなり，知識問題は文章正誤問題などが中心となるため，**丸暗記にたよった勉強法では高得点を獲得するのは難しいでしょう**。教科書を用いて勉強する際には，生物用語を覚えるのはもちろん大事ですが，その生物用語の意味や使い方までしっかりと理解する必要があります。知識を理解するためには，**問題演習が効果的**です。また，**共通テスト生物基礎でも，過去のセンター試験と同様の問題が出題される**ので，センター試験の過去問を用いた問題演習が特に効果的です。

　また，共通テスト生物基礎では**今までのセンター生物基礎よりも「思考力」，「判断力」を必要とする問題の出題が増加します**。このような「思考力」，「判断力」を必要とする問題は，**旧課程（2015年以前）の頃のセンター試験に良問**がたくさんあります。いくつかの出版社からセンター試験過去問集が発売されていますが，多くの問題集では，旧課程のセンター試験の問題には出題分野が生物基礎の範囲からであることがわかるような印が付いています。このような**生物基礎の分野から出題されている考察問題の演習**は非常に効果的です。そして，今までのセンター試験ではあまりみられなかった**仮説を検証するためにどのような実験が必要かを考えさせる考察問題**の対策ですが，これは予備校が実施する**「共通テスト模試」**などが有効です。積極的に受験しましょう。

そして，くり返しにはなりますが，共通テスト生物基礎はセンター生物基礎と同様に，まずは**教科書の知識をしっかりと定着させる**ことが何より大切で，**知識の定着無くして「思考力」，「判断力」を必要とする応用問題を解けるようにはなりません**。本書は教科書に準拠して，覚えるべきことだけを丁寧に解説しているので，君たちが教科書の知識を理解して学習を進めるうえで大きな力になるでしょう。本書を有効に活用し，第一志望大学への合格に向けて一歩一歩着実に進んでいきましょう。健闘を祈ります。

POINT

❶ 教科書の知識をしっかり定着させること。

❷ センター試験過去問などの良問を解き，演習を積むこと。

❸ 仮説検証タイプの考察問題などは，「共通テスト模試」などを積極的に利用すること。

Chapter **1**

生物の特徴

Theme 1
生物の多様性と共通性

≫ 1. 地球上に生息するさまざまな生物

陸上，水中，深海から砂漠まで，地球上にはさまざまな生物が生息しています。学名がつけられ，生物として分類されている種だけで，約175万種います。さらに，未だ発見されていない生物も数多く存在し，その数は数千万種にものぼるといわれています。

❶ 種

種とは，共通の形態や生理機能をもち，交配によって子孫を残すことができる個体どうしの集まりのことで，生物を分類するときの基本単位となります。

たとえば，秋田犬と柴犬は，交配で子孫を残すことができるので，同じ種(イヌ)に分類されます。一方，トラとライオンの交配で生じるライガーは，一般的には生殖能力がありません。子孫を残すことができないので，トラとライオンは異なる種に分類されます。

❷ 系統樹

生物には多様性がある一方で，共通性もみられます。たとえば，哺乳類(ヒト，ネズミなど)，鳥類(ニワトリなど)，は虫類(ワニ，ヘビ，トカゲ，カメなど)，両生類(カエル，イモリなど)，魚類(メダカ，タイなど)には，「脊椎をもつ」という共通性がみられます。そのため，これらの動物を脊

椎動物といいます。また、私たちヒトやネズミなどの哺乳類には、子を母乳で育てるという共通性がみられます。

このように、**動物が共通性をもつのは、これらの生物が共通の祖先から進化してきた**ためです。生物の進化にもとづいて、類縁関係を表した図を**系統樹**といいます。脊椎動物は、脊椎をもっていた共通の祖先から、長い年月を経て進化したグループです。

共通テストの秘訣！

生物には共通性がみられる。それは、地球上の生物が共通の祖先から進化してきたからだ！

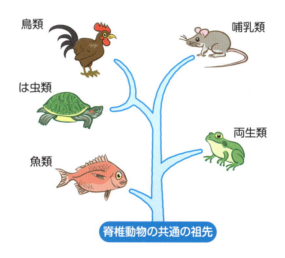

・生物の進化にもとづく類縁関係を系統というよ。
・系統を表す図を描くと、樹木に似た形になるので、上のような図は系統樹とよばれるんだ。

地球上には脊椎動物だけでなく、昆虫やタコなどの無脊椎動物もいます。また、動物以外にも、植物（アブラナ、マツなど）、菌類（キノコ、カビ、酵母菌など）、細菌類（大腸菌、乳酸菌、納豆菌など）などの生物が生息しています。これらの生物の間にも、共通性がみられます。これもやはり、地球上のすべての生物がある共通の祖先から進化してきたからです。

>> 2. 生物のもつ共通性

　地球上のすべての生物は，ある共通の祖先から進化してきました。そのため，多種多様にみえる生物の間にもさまざまな共通性がみられます。地球上の生物にはどのような共通性があるのかチェックしていきましょう。

❶ 細胞

　生物は**細胞**からできています。**細胞は生物としての機能をもった最小の単位**なのです。だから，細胞を理解することは，生物を理解するうえで非常に重要なことです。細胞については Theme 2 で詳しく学習します。

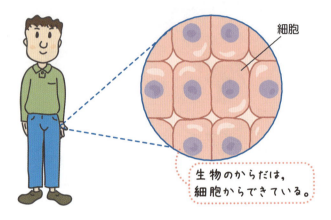

生物のからだは，細胞からできている。

「生物のからだは細胞でできている」という考えを**細胞説**というよ。

❷ 代謝

　生物は，さまざまな化学反応によって，細胞に必要な物質を合成したり，物質を分解してエネルギーを取り出したりしています。このような，生物体内での化学反応を代謝といいます。**すべての生物は，生命活動に必要なエネルギーを代謝によって生成しています**。代謝については Theme 5・Theme 6 で詳しく学習します。

❸ DNA

　生物は，生殖によって，自分と同じ特徴をもつ個体をつくり，その特徴を子孫に伝えます（遺伝）。このように，自己と同じ特徴をもつ個体をつくることを生殖といいます。生殖によって次世代に受け継がれる遺伝子の本体は，**DNA（デオキシリボ核酸）** という物質で，すべての生物は細胞の中に DNA をもっています。DNA については Chapter 2 で詳しく学習します。

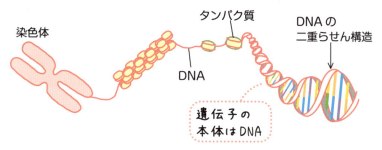

❹ 体内環境の維持

　生物は，外部の環境（体外環境）が変化しても，体内の環境（体内環境）を一定の範囲内に保とうとするしくみをもっています。これを**恒常性（ホメオスタシス）**といいます。たとえば，多細胞生物であるヒトでは，気温が変化しても，体温はほぼ一定に保たれています。また，単純なつくりをしている単細胞生物にも，恒常性はあります。たとえば，ゾウリムシやアメーバでも，細胞内に含まれるさまざまな物質の濃度はほぼ一定に保たれています。このような体内環境の維持のしくみについては Chapter 3 で詳しく学習します。

ココまではおさえよう！

ウイルスについてもおさえておこう！

　エイズ（AIDS, 後天性免疫不全症候群）やインフルエンザを引き起こす原因となるのは**ウイルス**です。ウイルスは，遺伝物質である核酸（DNA や RNA）がタンパク質でできた殻で包まれたような構造をしており，**細胞構造をもちません**。また，**単独では代謝によってエネルギーや物質を生成したり，増殖して子孫を残したりすることもできない**ため，生物の細胞に感染し，その細胞がもっているしくみを利用して増殖します。

　このように，ウイルスは，生物に共通する特徴の一つである核酸をもっていますが，細胞構造や代謝といった特徴はありません。そのため，ウイルスは，生物と無生物の中間に位置づけられています。

生物に見られる共通性　Point!

　地球上に存在する生物は多種多様であるが，**細胞・代謝・DNA・体内環境の維持**といった共通性がみられる。

Theme 2 細胞 23

Theme 2 細胞

　すべての生物のからだは，**細胞**(さいぼう)を基本単位として形づくられています。地球上には多種多様な生物が生息していて，それぞれの個体はさまざまな細胞から構成されています。たとえば，ヒトのからだは，肝細胞や神経細胞，筋細胞といった，形態や機能の異なる多様な細胞から構成されています。

　このように，地球上にはさまざまな細胞が存在しますが，その基本的な構造や構成要素は共通しています。まずは，動物と植物の細胞からみていきましょう。

≫ 1. 真核細胞

共通テストの**秘訣**！

真核細胞の構造を覚えよう。
動物細胞と植物細胞の違いをおさえよう！

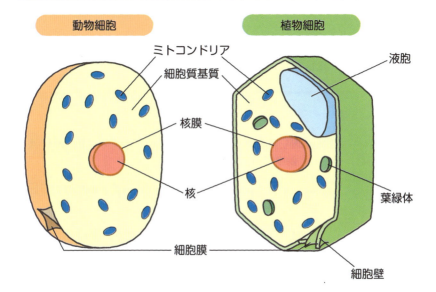

前ページの図は、それぞれ動物と植物のからだを構成する細胞の模式図です。どちらの細胞にも、**核膜**に包まれた**核**があるのがわかりますね。このような核をもつ細胞を**真核細胞**といい、真核細胞からなる生物を**真核生物**といいます。真核細胞の内部には、核をはじめとして、ミトコンドリアや葉緑体といった**細胞小器官**が存在します。**動物細胞と植物細胞の違いは大切ですよ！** しっかりチェックしておきましょう。

真核細胞の核以外の部分を**細胞質**といい、細胞質のいちばん外側には**細胞膜**があります。核と細胞質をあわせて原形質といいます。植物細胞では、細胞膜の外側に**細胞壁**があります。

細胞質において、細胞小器官の間を満たす液状の部分を**細胞質基質**といいます。

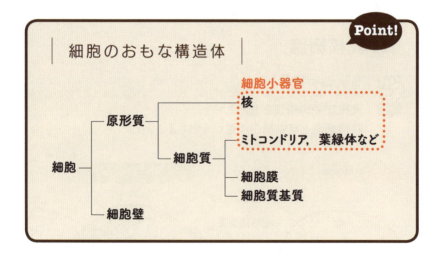

・葉緑体、細胞壁は動物細胞にはみられないから要注意！
・液胞は、一般的な動物細胞では発達しないので、観察されないことが多いよ。

Theme 2 細胞 25

≫ 2. 真核細胞の細胞小器官

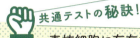
共通テストの秘訣!

真核細胞に存在する細胞小器官などの構造体の形とはたらきを覚えよう!

核…真核細胞は通常,核を一つだけもっています。核は球形をしている場合が多く,最外層には**核膜**があり,内部にある**染色体**を包み込んでいます。**染色体とは,DNAとタンパク質から成る構造体で**,**酢酸カーミン**や**酢酸オルセイン**といった色素によって赤く染まります。核内の染色体のまわりは,**核液**で満たされています。

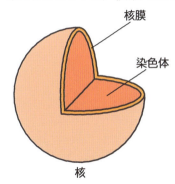

核は,生物の設計図(遺伝子)を保管する金庫のようなものだよ。

ミトコンドリア…長さが1~数μmの糸状または粒状の細胞小器官で,**すべての真核生物に存在します。核のDNAとは異なる独自のDNAをもっています。**

　ミトコンドリアは,**呼吸により有機物からエネルギーを取り出します。**⇒ p.58, 59もチェック!

細胞が生きるために必要なエネルギーをつくりだす火力発電所のようなものだよ。

葉緑体…植物の細胞に存在し，直径 5 〜 10μm の大きさの凸レンズ形をしています。ミトコンドリアと同様に，葉緑体も**核の DNA とは異なる独自の DNA をもっています。**

葉緑体は，**クロロフィル**という緑色の色素を含み，**光合成を行い二酸化炭素と水から有機物を合成します。**⇒ p.56, 57 もチェック！

葉緑体

細胞に必要な栄養（有機物）を合成するんだ。

細胞膜…細胞の内と外を仕切る，厚さ 5 〜 10 nm（0.005 〜 0.01μm）の膜です。細胞内と細胞外の物質のやり取りを調節します。

範囲外だけど，もっと詳しく知りたい人へ

 細胞膜の構造

細胞膜は，**リン脂質**の二重層に**タンパク質**が埋め込まれた構造をしています。これらのリン脂質やタンパク質は固定されているわけではなく，膜内を移動することができます。これを**流動モザイクモデル**といいます。ミトコンドリアや葉緑体などの細胞小器官の膜もこれと同様な構造をもち，これらの膜をまとめて**生体膜**といいます。

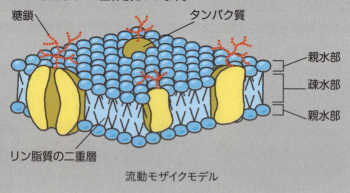
流動モザイクモデル

細胞質基質…細胞質において，細胞小器官の間を満たす液状の部分です。細胞質基質には，水，酵素などのさまざまなタンパク質，アミノ酸，グルコースなどが含まれていて，さまざまな**化学反応の場となっています。**

生きた細胞の細胞質基質には流動性がみられます。オオカナダモの葉などを観察すると，細胞小器官が流れるように動く様子が観察されます。このような現象は，**原形質流動**(**細胞質流動**)とよばれます。

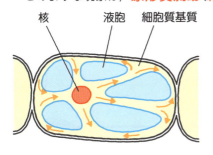

ムラサキツユクサの細胞の原形質流動

生きている細胞では，細胞小器官が流れるように動くよ。

液胞…成熟した植物の細胞では，大きく発達した液胞がみられます。液胞は，**液胞膜**に包まれた構造体で，内部は**細胞液**で満たされています。細胞液には，タンパク質・アミノ酸・糖などの有機物，無機塩類などが含まれており，花弁や果皮などの細胞では**アントシアン**とよばれる色素が含まれることもあります。老廃物を貯蔵したり，細胞内の水分や物質の濃度を調節するはたらきがあります。**液胞は，動物細胞ではほとんどみられません。**

細胞壁…植物細胞には，細胞膜の外側に，**セルロース**や**ペクチン**を主成分とする細胞壁があります。細胞壁は強度が高く，細胞を物理的に保護したり，細胞の形を保持したりしています。植物が地上の重力に耐えて成長できるのも，高い強度をもつ細胞壁があるからです。

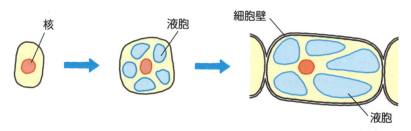

植物細胞の成長にともなって，液胞と細胞壁が発達するよ。

> **Point!**
>
> | 細胞小器官や構造体 |
>
> ・**核**：**核膜に包まれた球形の構造体**。内部に**染色体**をもつ。
> ・**ミトコンドリア**：**呼吸**により，有機物からエネルギーを取り出す。
> ・**葉緑体**：**クロロフィル**を含み，**光合成**を行い二酸化炭素と水から有機物を合成する。
> ・**細胞膜**：細胞の内と外を仕切り，細胞内外の物質のやり取りを調節する。
> ・**細胞質基質**：細胞質において，細胞小器官の間を満たす液状の部分。さまざまな化学反応の場となっている。
> ・**液胞**：老廃物の貯蔵を行う。また，細胞内の水分や物質の濃度を調節する。
> ・**細胞壁**：植物細胞の細胞膜の外側にあり，細胞の保護や形の保持を行う。**セルロース**が主成分。

>> 3. 原核細胞

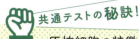

共通テストの秘訣！
原核細胞の特徴を覚えよう。
真核細胞との違いが問われる！

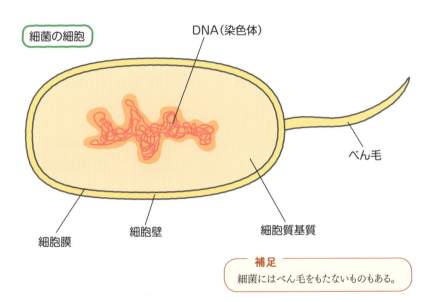

補足
細菌にはべん毛をもたないものもある。

・DNA はあるけれど，核膜によって囲まれていないね。
・ミトコンドリアや葉緑体などの細胞小器官もみられないよ。

　上の図は，細菌の細胞を模式的に描いた図です。DNA はありますが，**核膜に包まれていない**のがわかりますね。このように，核膜に包まれた核をもたない細胞を**原核細胞**といい，原核細胞からなる生物を**原核生物**といいます。原核細胞の DNA は核膜に囲まれていないため，細胞質基質中にむき出しの状態で存在しています。

また，原核細胞は真核細胞に比べて小さく，単純な構造をしており，**ミトコンドリアや葉緑体などの細胞小器官もみられません。**このように，原核細胞には真核細胞と異なる点が多くあります。しかし，遺伝子の本体であるDNAをもち，細胞が細胞膜によって囲まれているといった共通性もみられます。

原核生物には，大腸菌，乳酸菌，シアノバクテリア（ユレモ・ネンジュモなど）などの細菌類などがあります。**シアノバクテリアはクロロフィルをもち，光合成を行いますが，細胞小器官である葉緑体はもっていません。**シアノバクテリア自身が葉緑体と同様の機能をもっているのです。

なお，酵母菌は真核生物（菌類）であり，細菌ではありません！　注意して下さいね。

> **Point!**
>
> ## │ 真核細胞と原核細胞のちがい │
>
> | 構造体 ＼ 細胞 | 真核細胞 | | 原核細胞 |
> |---|---|---|---|
> | | 植物 | 動物 | |
> | DNA | ＋ | ＋ | ＋ |
> | 細胞膜 | ＋ | ＋ | ＋ |
> | 細胞質基質 | ＋ | ＋ | ＋ |
> | 細胞壁 | ＋ | － | ＋ |
> | 核（核膜） | ＋ | ＋ | － |
> | ミトコンドリア | ＋ | ＋ | － |
> | 葉緑体 | ＋ | － | － |
> | 液胞 | ＋ | △注) | － |
>
> ＋…存在する　　－…存在しない
> 注）動物細胞にも液胞がみられることはあるが，発達していない。

細胞に関する研究者

- **フック**…コルクの小片を顕微鏡で観察し,小さな部屋のような仕切られた空間を発見しました。そして,その小部屋を「細胞」と名づけました。このときフックが観察したものは,実際には細胞壁でした。
- **レーウェンフック**…細菌などの微生物を発見しました。また,精子や赤血球などの観察も行いました。
- **シュライデン**…植物のからだは細胞からできているという,植物の**細胞説**を唱えました。
- **シュワン**…動物のからだは細胞からできているという,動物の**細胞説**を唱えました。
- **フィルヒョー**…「すべての細胞は細胞から生じる」という考え方を唱え,細胞は生物体の構造とはたらきの単位であるという考え方を広く定着させました。

範囲外だけど，もっと詳しく知りたい人へ

電子顕微鏡による細胞小器官の観察

真核細胞には，核やミトコンドリア，葉緑体以外にも，**ゴルジ体・中心体・小胞体・リボソーム・リソソーム**といった細胞小器官があります。

核・ミトコンドリア・葉緑体を，電子顕微鏡で観察すると，それぞれ図のような内部構造をしていることがわかります。

図からもわかるように，核・ミトコンドリア・葉緑体は二重の膜に包まれています。これら三つの細胞小器官は，前述のように，それぞれ独自のDNAをもっています。Theme 7で学習しますが，ミトコンドリアと葉緑体は，もともと別の生物だったものが，真核生物の祖先細胞に取り込まれて共生したものだと考えられています。ミトコンドリアと葉緑体が独自のDNAをもち，二重の膜に包まれていることは，この仮説の根拠となっています。Theme 7を学習するときには，この話をちょっと思い出してみて下さいね。

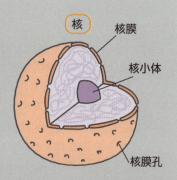

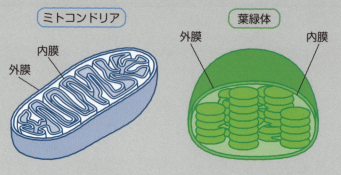

練習問題

次の文章を読み，下の問い(**問 1・2**)に答えよ。

細胞の発見と細胞説の提唱は，生物学の歴史における偉大な業績の一つであり，現在ではすべての生物が細胞を基本単位としてできていることが知られている。細胞は原核細胞と真核細胞に大別される。原核細胞の構造が比較的単純であるのに対し，真核細胞の内部には膜に囲まれたさまざまな細胞小器官が存在する。

問 1　下線部に関連する記述として最も適当なものを，次の①〜⑤のうちから一つ選べ。

①　原核細胞には，ミトコンドリアや葉緑体は存在しない。

②　原核細胞と動物細胞は細胞壁におおわれていない。

③　植物細胞には，核，葉緑体，液胞はあるが，ミトコンドリアはない。

④　真核細胞の核の内部には，DNAとタンパク質からなる染色体があり，染色体のまわりは細胞液で満たされている。

⑤　細菌などの原核細胞には遺伝子はあるが，染色体はない。

問 2　植物の細胞分裂後まもない細胞は，成熟した組織の細胞と比較して，一般的にどのような違いがあるか。次の①〜⑧に示した組合せのうちから最も適当なものを一つ選べ。

	①	②	③	④	⑤	⑥	⑦	⑧
細胞壁の厚さ	厚い	厚い	厚い	厚い	薄い	薄い	薄い	薄い
液胞の総体積	大きい	大きい	小さい	小さい	大きい	大きい	小さい	小さい
$\dfrac{核の体積}{細胞の体積}$ 比	大きい	小さい	大きい	小さい	大きい	小さい	大きい	小さい

解答 問1 ①　　問2 ⑦

解説

問1　① 正しい。原核生物は核をもたず，単純な構造をしており，ミトコンドリアや葉緑体などの細胞小器官もみられません。
② 誤り。細菌などの原核細胞は細胞壁に囲まれています。
③ 誤り。植物細胞はミトコンドリアをもちます。
④ 誤り。真核細胞の核内で，染色体のまわりを満たしているのは核液です。なお，細胞液は液胞の内部を満たす液体のことです。
⑤ 誤り。原核細胞は染色体をもっています。ただし，原核細胞は核膜をもたないため，染色体は細胞質基質中に存在します。

原核細胞には核がないけど，DNA はもっていたよね。

問2　核と細胞質をあわせて原形質といいましたね。一方，細胞壁や液胞は，細胞の成長にともなって原形質によってつくられ，発達します（→p.27）。したがって，成熟する前の若い植物細胞では，成熟した植物細胞と比べて，まだ細胞壁は薄く，液胞の総体積も小さいと考えられます。
　一方，原形質である核は，植物細胞の成長の前後でほとんど大きさは変わりません。したがって，若い細胞では，細胞の体積がまだ小さいので，核が占める割合は大きくなります。

Theme 3 細胞や構造体の大きさ

　生物体を形づくる細胞の構造は，基本的には共通しています。しかし，その大きさや形は実に多種多様です。いろいろな細胞や構造体の大きさをチェックしましょう！

≫ 1. 長さの単位

長さの単位をおさえよう！
基本的に，単位は1000倍ごとに設定されている。

$$1\,km = 1000\,m$$
$$1\,m = 1000\,mm\,(ミリメートル)$$
$$1\,mm = 1000\,\mu m\,(マイクロメートル)$$
$$1\,\mu m = 1000\,nm\,(ナノメートル)$$

　[cm]（センチメートル）のような例外はありますが，基本的に**長さの単位は1000倍を基準として設定**されています。したがって，1mを指数を用いて表すと，次のようになります。

$$10^{-3}\,km = 1\,m = 10^3\,mm = 10^6\,\mu m = 10^9\,nm$$

細胞や細胞小器官の大きさには [μm]（マイクロメートル）や [nm]（ナノメートル）といった単位がよく使われるよ。単位をしっかりとおさえておこう！

≫ 2. 分解能

　皆さんが学校の実験などで使ったことがある，可視光線を用いた顕微鏡を光学顕微鏡といいます。光学顕微鏡よりもさらに微細な構造を観察することができる，電子線を用いた顕微鏡は電子顕微鏡といいます。

　近接した2点を2点として見分けることができる最小の間隔を分解能といいます。肉眼では約 0.1 mm 以下に近接した2点を見分けることはできませんが，光学顕微鏡では約 0.2 μm まで見分けることができます。

〈分解能〉
肉眼：およそ **0.1 mm**（100 μm）
光学顕微鏡：およそ **0.2 μm**（200 nm）
電子顕微鏡：およそ **0.2 nm**

この数値は覚えよう！

≫ 3. 細胞の大きさ
❶ 1 mm 以上のサイズの細胞

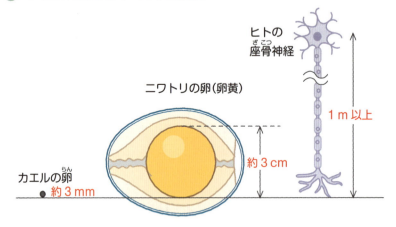

ヒトの座骨神経　1 m 以上
ニワトリの卵（卵黄）　約 3 cm
カエルの卵　約 3 mm

ニワトリの卵黄はみたことがあるよね。
タマゴの黄身のことだよ。
これは 30 mm（3 cm）もある巨大な細胞なんだ。

多くの細胞は，顕微鏡を用いないと観察することはできません。しかし，ニワトリやカエルの卵のように，肉眼でみることができるほど大きな細胞もあります。細胞の大きさや形はさまざまだとわかりますね。

❷ 10μm〜1mmのサイズの細胞

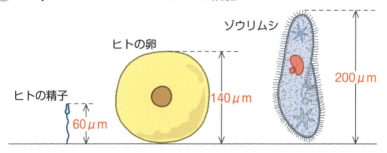

卵はヒトの細胞の中でも特に大きい細胞だよ。
肉眼でも確認できるサイズだね。

ゾウリムシは単細胞の真核生物で，肉眼でも確認できるサイズです。このような単細胞生物には，生存するのに必要なすべての機能が一つの細胞に備わっています。

ヒトの体細胞の大きさは，一般的に約20〜50μmです。しかし，卵のように肉眼で観察できるほど大きな細胞や，赤血球のような小さな細胞もあります。

❸ 10μm以下のサイズの細胞や細胞小器官

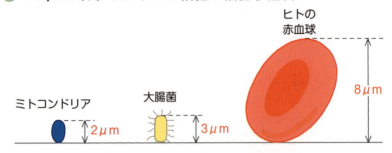

ヒトの赤血球は核をもたない特殊な細胞で，ヒトの細胞の中でも特に小さい細胞だよ。
大腸菌やミトコンドリアは光学顕微鏡で観察できるサイズだね。

　原核生物である大腸菌や乳酸菌などの細菌類の細胞は，真核生物の細胞に比べると小さいサイズです。しかし，一般的に光学顕微鏡で観察できます。

　Theme 7で学習しますが，細胞小器官であるミトコンドリアは，好気性細菌が真核生物の祖先細胞に共生してできたと考えられています。共通の祖先をもつ**ミトコンドリアは細菌とほぼ同じサイズ**と覚えましょう。また，葉緑体はミトコンドリアより一回り大きくて約5μmで，細胞膜の厚さは約10 nmです。

　Theme 1で学習したように，ウイルスは細胞をもたず，生物と無生物の中間段階と位置づけられています。**一般的にウイルスは光学顕微鏡では観察できない**サイズです。たとえばHIV（エイズウイルス）の大きさは約100 nm（0.1μm）です。

Theme 3　細胞や構造体の大きさ　39

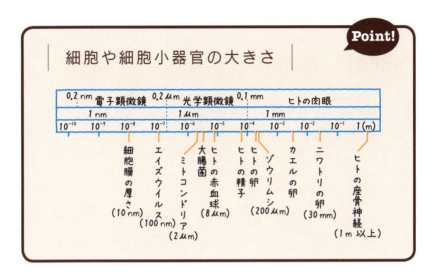

練習問題

細胞に関する下の問い(**問1・2**)に答えよ。

問1 植物の葉のさく状組織の細胞の大きさ(A), 葉緑体の大きさ(B), 細胞膜の厚さ(C)は, それぞれどの程度か。図のa〜gで表したときの組合せとして最も適当なものを, 次の①〜⑨のうちから一つ選べ。

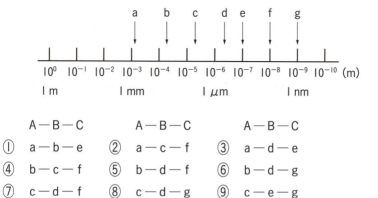

```
    A―B―C         A―B―C         A―B―C
①  a―b―e     ②  a―c―f     ③  a―d―e
④  b―c―f     ⑤  b―d―f     ⑥  b―d―g
⑦  c―d―f     ⑧  c―d―g     ⑨  c―e―g
```

問2 細胞や構造体の大きさを比較した関係として**誤っているもの**を, 次の①〜⑤のうちから一つ選べ。

	小さい	大きい
①	日本脳炎ウイルス	大腸菌
②	結核菌	酵母菌
③	ヒトの赤血球	ヒトの白血球
④	ヒトの座骨神経の長さ	ニワトリの卵の直径
⑤	ツバキの葉のミトコンドリア	ツバキの葉の葉緑体

解答 問1 ④　問2 ④

解説

問1　（A）植物は多細胞の真核生物なので，その細胞の大きさはヒトの細胞に近いことが想像できます。ヒトの体細胞は約 20～50 μm なので，葉のさく状組織の細胞の大きさとして b が選べます。
（B）葉緑体は，同じ細胞小器官であるミトコンドリアよりも一回り大きいサイズで，約 5 μm でしたね。c が選べます。
（C）細胞膜の厚さは約 10 nm ですから f が選べます。

問2　①　正しい。ウイルスは光学顕微鏡では観察できない大きさであるのに対し，細菌である大腸菌は光学顕微鏡でも観察できる大きさ（約 3 μm）です。
②　正しい。結核菌は原核生物であるのに対し，酵母菌は真核生物です。一般的に真核細胞は原核細胞よりも大きいサイズです。
③　正しい。Theme 12 でくわしく学習しますが，赤血球は核をもたない特殊な細胞で，大きさは約 8 μm。白血球は核をもつ細胞で，一般的に赤血球よりも大きいサイズです。
④　誤り。ニワトリの卵の大きさが約 30 mm（3 cm）であるのに対し，ヒトの座骨神経の長さは 1 m 以上です。
⑤　正しい。問1の解説でも説明したように，ミトコンドリア（約 2 μm）よりも葉緑体（約 5 μm）の方が大きいサイズです。

一般的に，細菌は光学顕微鏡で観察できるけど，ウイルスは電子顕微鏡を用いないと観察できないよ。

Theme 4
顕微鏡

　顕微鏡は，細胞の観察において最もよく使われる実験器具の一つです。ここでは光学顕微鏡の正しい操作法を学習しましょう。なぜその操作が必要なのか，理由まで理解すると，それぞれの操作を覚え易いですよ。

共通テストの秘訣！

顕微鏡の各部の名称をおさえよう！

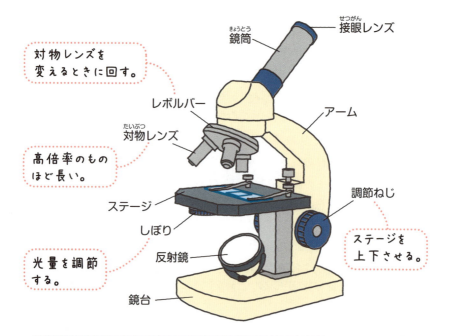

これはステージを上下させてピントを合わせるタイプの顕微鏡ですが，鏡筒を上下させてピントを合わせるタイプの顕微鏡もあります。

共通テストの秘訣！
顕微鏡の操作法を覚えよう！
操作する順番も重要！

① **顕微鏡のもち運びと設置**…一方の手でアームをしっかり握り、他方の手で鏡台を支えてもち運びます。顕微鏡は、**直射日光の当たらない**明るく水平な机の上に置きます。これは、直射日光によって眼を痛めたり、試料が熱をもつのを防ぐためです。

② **レンズの取り付け**…先に接眼レンズを取り付け、**次に対物レンズを取り付けます**。これは、鏡筒にほこりなどが入るのを防ぐためです。

③ **反射鏡の調節**…接眼レンズをのぞきながら反射鏡を動かして、視野がむらなく明るくなるようにします。

④ **プレパラートのセット**…ステージにプレパラートをセットし、観察しようとする部分が視野の中央にくるようにクリップでとめます。

⑤ **ピントを合わせる**…横から見ながら調節ねじをまわして、プレパラートと対物レンズをできるだけ近づけます。次に、接眼レンズをのぞきながら調節ねじをまわして、**プレパラートと対物レンズを少しずつ遠ざけながらピントを合わせます**。これはプレパラートと対物レンズが接触して破損するのを防ぐためです。

⑥ **しぼりの調節**…しぼりを調節して、鮮明な像が見えるようにします。低倍率では視野が明るいためしぼりを絞り、高倍率では視野が暗くなるためしぼりを開きます。

⑦ **倍率の調節**…**はじめは視野の広い低倍率で観察し**、必要に応じてレボルバーを回転させて適当な倍率に変えます。

顕微鏡の倍率は、次の式で求められます。

> 顕微鏡の倍率＝(接眼レンズの倍率)×(対物レンズの倍率)

たとえば、接眼レンズが[×10]で、対物レンズが[×40]の場合、顕微鏡の倍率は 10×40＝400 倍になります。

44　Chapter_1　生物の特徴

共通テストの秘訣！
顕微鏡での視野の見え方をチェックしよう！
上下左右が反転して見える点に注意！

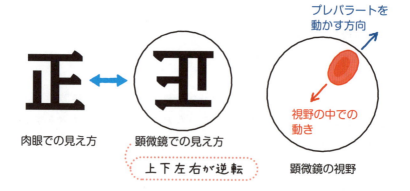

上下左右が反転して見えるんだね！

　顕微鏡の視野の中では，上下左右が反転した像が見えます。試験では，解答用紙を上下逆さまにしてみると，顕微鏡の視野の像に一致します（上図の「正」で試してみましょう）。そのため，視野の中の観察したい像を視野の中央に移動させるときには，プレパラートを逆の方向に動かします。

Theme 4 顕微鏡　45

共通テストの秘訣！
低倍率と高倍率の違いが問われる！
観察対象を見つけるには低倍率のほうが適している！

	低倍率	高倍率
・対物レンズの長さ	短い	長い
・使用する反射鏡	平面鏡	凹面鏡
・視野の明るさ	明るい	暗い
・視野の広さ	広い	狭い
・焦点深度(ピントが合う範囲)	大きい(広い)	小さい(狭い)

ピントを合わせ易い。

　焦点深度が小さい(狭い)と，ピントの合う面から少しずれただけでも，像がぼやけて見えたり，見えなくなったりします。

共通テストの秘訣！
ミクロメーターには2種類ある。
使い方をマスターしよう！

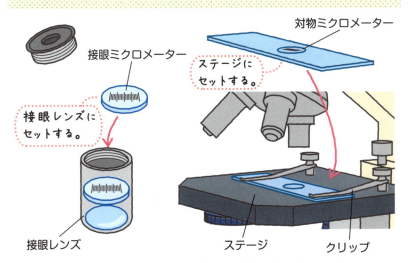

　顕微鏡で観察している細胞などの大きさを測定するときにはミクロメーターを使います。**接眼ミクロメーター**は接眼レンズの中にセットします。

対物ミクロメーターはステージに置き，クリップで止めます。**対物レンズを高倍率のものにかえた場合，ステージにある対物ミクロメーターは拡大されて見えますが，接眼レンズの中にある接眼ミクロメーターの見え方は変わりません。**

ミクロメーターの計算問題が出題される!

　接眼ミクロメーターと対物ミクロメーターを用いて，接眼ミクロメーター1目盛りの長さを計算してみましょう。

　まず，両方の目盛りがぴったり重なっているところを2ヶ所探し，それぞれの目盛りを数えます。たとえば，下の図の場合，接眼ミクロメーター10目盛りと対物ミクロメーター25目盛りが重なっています。対物ミクロメーターには1mmを100等分した目盛りがついているので，1目盛りの長さは $\frac{1}{100}$ mm＝10μmです。したがって，25目盛りの長さは25×10＝250μmになります。

　一方，求めたい接眼ミクロメーターの1目盛りの長さを xμmとすると，10目盛りの長さは $10x$μmになります。この二つの長さが一致しているので，$10x＝250$μmが成り立ちます。したがって，下の図における，接眼ミクロメーター1目盛りの長さは25μmということになります。

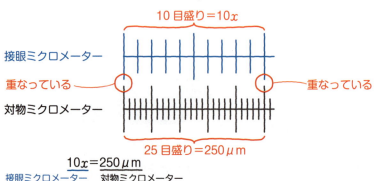

練習問題

顕微鏡とミクロメーターに関する下の問いに答えよ。

問 顕微鏡下で，ある繊維の太さを測定した手順とその結果について述べた次の文章中の ア ・ イ に入る数値または記述として最も適当なものを，以下の①〜⑪のうちからそれぞれ一つずつ選べ。

　接眼ミクロメーターを顕微鏡に取り付け観察したところ，繊維の太さは接眼ミクロメーターの4目盛りの長さであった。次に，同じ倍率で対物ミクロメーターを取り付け観察したところ，図のように，接眼ミクロメーターの42と62の目盛りが対物ミクロメーターの目盛り（1目盛りが10μm）と重なった。これらのことから，この繊維の太さが約 ア μmであることが求められる。なお，対物レンズだけを高倍率に変えて，図と同様の像を観察すると，対物ミクロメーターの目盛りの幅が拡大して見えるが，1目盛りの示す長さは変わらない。一方，接眼ミクロメーターについては， イ 。

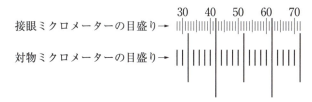

① 0.5　② 2　③ 5　④ 8
⑤ 10　⑥ 20　⑦ 50　⑧ 80
⑨ 目盛りの幅が拡大して見える
⑩ 目盛りの幅が縮小して見える
⑪ 目盛りの幅の見え方は変わらない

解答　ア⑥　イ⑪

解説

ア…両方のミクロメーターが重なっている2ヶ所の間の目盛りを数えると，接眼ミクロメーター20目盛りの長さと対物ミクロメーター10目盛りの長さ（100μm）が一致しています。接眼ミクロメーター1目盛りの長さを x μm とおくと，$20x=100$ μm が成り立つので，接眼ミクロメーター1目盛りの長さは5μm（$x=5$ μm）と求められます。この繊維の太さは接眼ミクロメーターの4目盛りの長さなので，4目盛り×5μm＝20μm となります。

イ…対物レンズはステージにあるものを拡大するため，対物レンズを高倍率に変えると，ステージにある対物ミクロメーターは拡大されて見えます。しかし，接眼ミクロメーターは，対物レンズよりも眼の近い側に位置する接眼レンズの中にあるため，対物レンズを高倍率に変えても見え方は変わりません。なお，対物レンズを高倍率に変えても対物ミクロメーター1目盛りが示す長さは変わりませんが，接眼ミクロメーター1目盛りが示す長さは小さくなります。

対物レンズの倍率を変えると，ステージにある対物ミクロメーターの目盛りは拡大されて見えるけど，接眼ミクロメーターの見え方は変わらないよ。
それぞれのミクロメーターと対物レンズの位置関係を，もう一度確認してみよう！

Theme 5 エネルギーと代謝

　生体内では，物質を合成したり分解したりする化学反応が常に起こっています。このような生体内での化学反応全体をまとめて**代謝**といいます。生物は，代謝によって生命活動に必要な物質を合成したり，エネルギーを取り出したりします。代謝とエネルギーについてチェックしましょう！

≫ 1. 同化と異化

同化は合成，異化は分解と覚えよう！

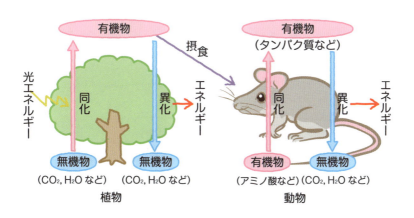

　代謝は，**同化**と**異化**の二つに大別されます。**エネルギーを用いて，単純な物質から複雑な物質を合成する過程**を同化といいます。一方，**複雑な物質を単純な物質に分解し，エネルギーを取り出す過程**を異化といいます。

同化の代表例としては，**光合成**があげられます。光合成では，**二酸化炭素（CO_2）と水（H_2O）から有機物（炭水化物など）が合成されます。その際，光エネルギーが利用されます**。また，動物がアミノ酸からタンパク質を合成する反応なども，同化の一種です。

異化の代表例としては，**呼吸**があげられます。呼吸では，**有機物が二酸化炭素や水に分解され，エネルギーが放出されます**。

>> 2. ATPのはたらき

ATPはエネルギーの通貨！

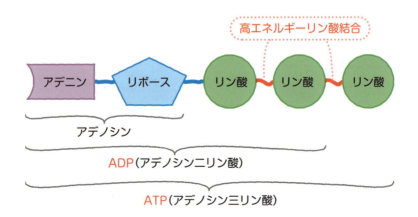

同化はエネルギーを吸収する反応で，異化はエネルギーを放出する反応でした。つまり，エネルギーとは，吸収されたり放出されたりして，移動するものなのです。代謝にともなって起こる**エネルギーの受け渡しは，ATP（アデノシン三リン酸）という物質を介して行われています**。このATPは，すべての生物がもっている共通の物質であり，筋収縮や有機物の合成などのさまざまな生命活動において，エネルギー源として利用されます。その様子から，ATPは**エネルギーの通貨**にたとえられます。

異化によって放出されたエネルギーは，いったんATPに蓄えられます。どのように蓄えられるかというと，**ATPのリン酸どうしの結合**として蓄えられるのです。ATPのリン酸どうしの結合は，高エネルギーリン酸結合とよばれ，**この結合が切れると，多量のエネルギーが放出されます。**ATPにはリン酸が三つ結合しているため，高エネルギーリン酸結合は2カ所あります。その結合が1カ所切れて，ATPからリン酸が一つとれると，ATPはADP（アデノシン二リン酸）になります。ATPに蓄えられたエネルギーは，ATPがADPとリン酸に分解されることで放出され，生命活動に利用されます。

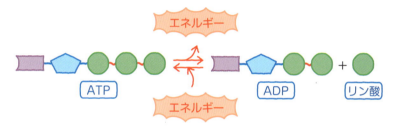

ATPは，生命活動のエネルギーの源！
生体内で物質が合成されるときや，筋肉が収縮するときなど，あらゆる**生命活動のエネルギー源**になるんだ。

≫ 3. 酵素のはたらき

　化学反応の前後でそれ自体は変化せず，化学反応を促進する物質を触媒といいます。たとえば，消毒薬として利用される過酸化水素水（オキシドール）に少量の酸化マンガン（Ⅳ）（二酸化マンガン）を加えると，過酸化水素（H_2O_2）は水（H_2O）と酸素（O_2）に急激に分解されて，酸素が泡として放出されます。このとき，酸化マンガン（Ⅳ）は触媒としてはたらいています。酸化マンガン（Ⅳ）のような無機物でできた触媒を無機触媒といいます。

生体内で酵素は触媒としてはたらく！

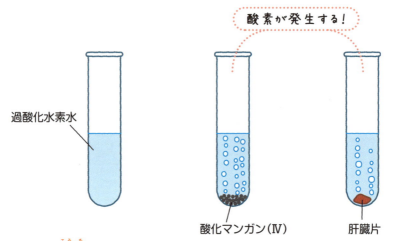

　代謝は，**酵素**のはたらきによって，効率よく進行しています。上の図のように，過酸化水素水に肝臓片を加えると，酸化マンガン(Ⅳ)を加えたときと同様に，酸素が泡となって発生します。これは，**カタラーゼ**という酵素が触媒としてはたらくからです。酸化マンガン(Ⅳ)を無機触媒というのに対し，カタラーゼのような酵素は**生体触媒**といいます。**酵素も無機触媒と同様に，化学反応の前後で変化することはありません。**

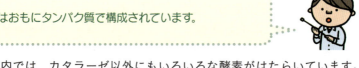

　生体内では，カタラーゼ以外にもいろいろな酵素がはたらいています。代表的なものとしては，**消化酵素**があります。アミラーゼやマルターゼといった消化酵素は，わたしたちが食べた食物を分解し，吸収しやすい形にしてくれます。

酵素には**細胞の中ではたらくもの**と，**細胞の外ではたらくもの**があります。

たとえば，消化酵素は，細胞内で生産されたのち，細胞の外に分泌されてはたらきます。

代謝のまとめ | Point!

- **代謝**：生体内で行われる化学反応。
- **同化**：エネルギーを利用して単純な物質から複雑な物質を合成する過程。例光合成
- **異化**：複雑な物質を単純な物質に分解してエネルギーを取り出す過程。例呼吸
- **ATP（アデノシン三リン酸）**：代謝にともなうエネルギーの受け渡しの仲立ちをするエネルギーの通貨。

$$ATP \rightleftharpoons ADP + リン酸 + エネルギー$$

- **触媒**：化学反応の前後でそれ自体は変化せず，化学反応を促進する物質。
- **酵素**：生体内の化学反応を促進する生体触媒。タンパク質でできており，細胞内で合成される。

範囲外だけど，もっと詳しく知りたい人へ

 酵素の性質

　酵素には，酸化マンガン(Ⅳ)のような無機触媒とは異なる性質があります。その性質とは，おもに**基質特異性**がある，**最適温度**がある，**最適pH**があるという3点です。酵素が作用する相手を**基質**といい，酵素はそれぞれ決まった基質にしか作用しません。つまり，カタラーゼは過酸化水素という基質には作用しますが，それ以外の物質には作用しません。これを基質特異性といいます。また，酵素はタンパク質でできているため，高温や酸・アルカリなどでその立体構造が変化してしまいます。そのため，酵素がよくはたらく最適温度や最適pHがあります。

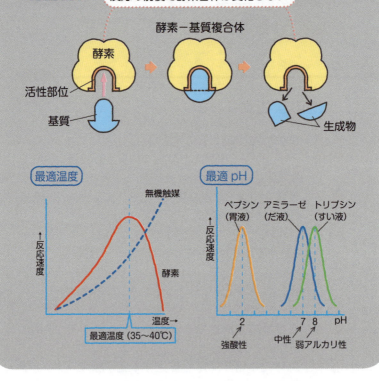

練習問題

図の化合物は，生体内でエネルギーの通貨としてはたらいている物質である。この物質に関する下の問い(**問1・2**)に答えよ。

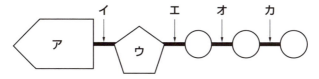

問1 図の ア ・ ウ にあてはまる物質として最も適当なものを，以下の①～⑥のうちからそれぞれ一つずつ選べ。

① アクチン　　② リン酸　　③ デオキシリボース
④ アデノシン　⑤ リボース　⑥ アデニン

問2 図の中で，高エネルギーリン酸結合に該当するものの組合せとして最も適当なものを，以下の①～⑧のうちから一つ選べ。

① イだけ　　　② エだけ　　　③ オだけ　　　④ カだけ
⑤ イとエ　　　⑥ オとカ　　　⑦ エとオとカ　⑧ イとエとオとカ

解答 問1 ア⑥ ウ⑤　　問2 ⑥

解説

図の化合物は **ATP（アデノシン三リン酸）** です。ATPはその名の通り，**アデノシン**に**リン酸**が**3個**結合した化合物です。したがって，図の右側の三つの○がリン酸で，ア～ウがアデノシンだとわかります。

問1 ア～ウがアデノシンなので，アが**アデニン**，ウが**リボース**です。

問2 **高エネルギーリン酸結合**は，リン酸とリン酸の結合なので，図のオとカがそれにあたります。

Theme 6 光合成と呼吸

Theme 5 では,代謝には同化と異化があること,そして生物は代謝によって生じたエネルギーを ATP という物質を介して生命活動に利用していることを学習しました。

ここでは,同化の代表的な例である光合成と,異化の代表的な例である呼吸について詳しく学習します。

>> 1. 光合成のしくみ

> 共通テストの秘訣!
>
> 光合成は同化の代表例!

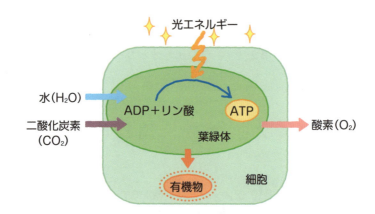

真核生物では,光合成は葉緑体で行われるよ。
有機物の合成には ATP のエネルギーが使われるよ。

生物がエネルギーを用いて、単純な物質から有機物などの複雑な物質を合成することを同化といいました。同化の代表例は植物が行う光合成です。植物が光合成によってつくり出した有機物は、植物自身に利用される他に、植物食性動物（草食動物）に利用され、さらに植物食性動物を介して動物食性動物（肉食動物）に利用されます。このように、植物による光合成が地球上の生物の利用するエネルギーすべてを支えています。

　それでは、光合成のしくみをみていきましょう。植物の光合成は細胞小器官の葉緑体で行われます。葉緑体内のクロロフィルによって吸収された**光エネルギーが化学エネルギー（ATP）に変換されます**。生成されたATPを用いて、気孔から吸収した二酸化炭素と、根から吸収した水を材料に、デンプンなどの**有機物が合成**されます。この合成過程の副産物として**酸素が生成**され、気孔から放出されます。光合成のように、二酸化炭素を炭素源として有機物を合成する同化は炭酸同化とよばれます。

　光合成によって得られた有機物は、呼吸によって分解され、その際、植物自身の生命活動に必要なエネルギーがつくり出されます。また、植物体を構成する原材料として利用されるほか、貯蔵用のデンプンとして、植物体内に貯蔵されます。植物は光エネルギーを、「いつでも利用可能で、貯蔵もできる有機物（化学エネルギー）」として蓄えるわけです。

　なお、シアノバクテリア（ユレモやネンジュモ）もクロロフィルをもち光合成を行いますが、**シアノバクテリアは葉緑体をもちません**。シアノバクテリア自身が葉緑体と同様の機能をもっています。

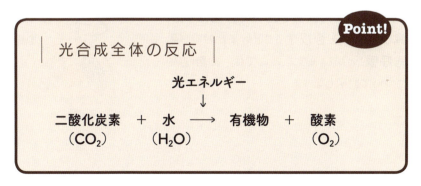

Point!

| 光合成全体の反応 |

光エネルギー
↓
二酸化炭素　＋　水　⟶　有機物　＋　酸素
（CO_2）　　（H_2O）　　　　　　　　（O_2）

>> 2. 呼吸のしくみ

共通テストの秘訣！

呼吸は異化の代表例！
有機物を分解して得たエネルギーで ATP を生成する！

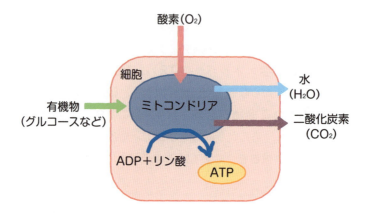

真核生物の呼吸には，ミトコンドリアが重要な役割を果たしているよ。
呼吸で取り出されたエネルギーは **ATP に蓄えられる**よ。

　肺で酸素を吸い込み，二酸化炭素を吐き出すことを，呼吸(**外呼吸**)といいます。一方，**取り込んだ酸素を用いて有機物を分解し，ATP を合成することもまた呼吸(細胞呼吸)**といいます。ここでは，細胞呼吸について説明します。

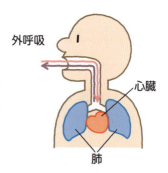

真核生物の場合, 呼吸は細胞内のミトコンドリアで行われます。つまり, 植物も動物も, 同じようにミトコンドリアで呼吸を行います。**呼吸によって得られた ATP は, 物質の合成, 運動などあらゆる生命活動に利用されます。**そのため, 呼吸は植物・動物を問わず, 生命活動に欠かすことができません。

呼吸に使用される有機物は, 植物では光合成によってつくられ, 動物では他の生物を摂食することで体内に取り込まれています。こうして得られた**有機物は, 吸収した酸素とともに, ミトコンドリアに取り込まれ**, 分解されます。分解産物として, **二酸化炭素と水**が生じ, 細胞外に排出されます。

有機物が酸素と反応し, 二酸化炭素と水に分解されるという点で, 呼吸は燃焼と同様の化学反応です。しかし, **燃焼では反応が急速に進み,** そのエネルギーが**光や熱**として一度に放出されるのに対し, **呼吸ではゆっくりと段階的に分解**されることで有機物から**エネルギーを少しずつ取り出して ATP に蓄える**ことができるという点が異なります。

Point!

| 呼吸全体の反応 |

有機物 ＋ 酸素 ⟶ 二酸化炭素 ＋ 水 ＋ ATP
($C_6H_{12}O_6$)（O_2）　　　　（CO_2）　（H_2O）

範囲外だけど，もっと詳しく知りたい人へ

 葉緑体とミトコンドリアの構造とはたらき

　葉緑体は，外膜と内膜の 2 枚の膜をもちます。内部には，扁平な袋のような構造体があり，これを**チラコイド**とよびます。クロロフィルなどの光合成色素は，このチラコイドの膜に存在します。チラコイドが層状に重なった部分を**グラナ**，その間を満たす部分を**ストロマ**とよびます。

　葉緑体で行われる光合成の反応は，次の①〜④のような 4 段階に分けられ，①〜③の反応はチラコイドで，④の反応はストロマで行われます。

①光エネルギーの吸収
②水の分解
③ ATP の合成
④二酸化炭素から有機物を合成

　光合成全体の反応をまとめると，次のようになります。

$$6CO_2 + 12H_2O + 光エネルギー \longrightarrow (C_6H_{12}O_6) + 6O_2 + 6H_2O$$
　　　　　　　　　　　　　　　　　　　　有機物

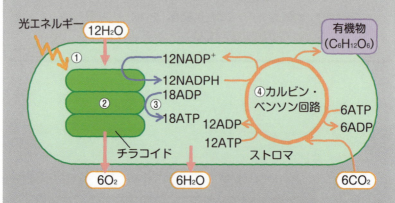

ミトコンドリアも，外膜と内膜の2枚の膜をもち，内膜は**クリステ**とよばれるひだをつくっています。内膜の内側は**マトリックス**とよばれ，そこには多くの酵素が含まれています。

呼吸は，**解糖系・クエン酸回路・電子伝達系**という3段階の過程からなります。解糖系は細胞質基質で，クエン酸回路と電子伝達系はそれぞれミトコンドリアのマトリックスと内膜で行われます。酸素(O_2)が利用されるのは，電子伝達系です。

呼吸の反応をまとめると，次のようになります。

$$C_6H_{12}O_6 + 6O_2 + 6H_2O \longrightarrow 6CO_2 + 12H_2O + (最大)38ATP$$
(グルコース)

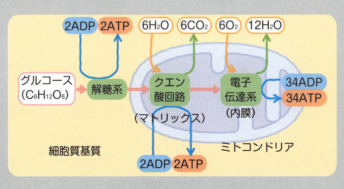

62　Chapter_1　生物の特徴

練習問題

次の文章を読み，下の問い(**問 1・2**)に答えよ。

植物は，水と二酸化炭素から，葉緑体の中で有機物をつくり，これをもとに　ア　を合成して葉緑体に貯蔵する。　ア　は分解され，スクロースの形で師管を通って，芽，茎，根，種子などに送られ，エネルギー源や細胞壁の素材などとして，生命活動に利用される。

一方，ヒトを含む動物は，無機物から有機物をつくりだせないので，緑色植物が合成した有機物を体内に取り込み，体を構成する物質につくり変えたり，　イ　により有機物からエネルギーを取り出している。すなわち，人間が利用している栄養も，食物連鎖を逆にたどると植物がつくりだした栄養に行き着く。

問 1　文章中の　ア　・　イ　にあてはまる語として最も適当なものを，以下の①～⑥のうちからそれぞれ一つずつ選べ。

① グルコース　　② デンプン　　③ ATP
④ 炭酸同化　　⑤ 呼吸　　　　⑥ 燃焼

問 2　代謝に関する記述として最も適当なものを，次の①～⑤のうちから一つ選べ。
① ミトコンドリアは呼吸に関する酵素を含み，デンプンをグルコース(ブドウ糖)にする。
② ミトコンドリアは，光エネルギーを用いて二酸化炭素と水から有機物をつくり出す。
③ 葉緑体で行われる光合成には，酵素は関与しない。
④ 細菌は葉緑体をもたないので，光合成を行うものはいない。
⑤ ミトコンドリアと葉緑体は，どちらも ATP を合成する。

解答 問1 ア② イ⑤　問2 ⑤

解説

問1　植物が光合成によって合成した有機物は，デンプンとして葉緑体に蓄えられたり，スクロース(ショ糖)に分解されて維管束の師管を通って植物体のいろいろな場所に輸送されたりします。

細胞が酸素を利用して有機物を分解し，二酸化炭素を放出するとともに，取り出したエネルギーで ATP を合成するしくみを呼吸といいます。

問2　① 誤り。ミトコンドリアは，グルコースなどの有機物を二酸化炭素と水に分解します。デンプンをグルコースにすることはありません。

② 誤り。この反応は，光合成を指します。光合成は，真核生物では葉緑体で行われます。

③ 誤り。光合成は，葉緑体に含まれるさまざまな酵素によって進行するので，誤りです。

④ 誤り。細菌はたしかに葉緑体をもちませんが，シアノバクテリア(ユレモやネンジュモなど)のように光合成を行う細菌もいます。

⑤ 正しい。ミトコンドリアは呼吸によって有機物を分解し，取り出したエネルギーを用いて ATP を合成します。また葉緑体も，吸収した光エネルギーによって ATP を合成します。

植物は太陽の光エネルギーを光合成によって化学エネルギーに変換し，この化学エネルギーを有機物に蓄えるよ。光合成を行えない私たち動物は，植物が合成した有機物を直接的または間接的に取り込んで生命活動に利用しているんだね。

Theme 7 ミトコンドリアと葉緑体

　ミトコンドリアと葉緑体は，呼吸や光合成において，エネルギーのやりとりをする場として重要なはたらきをしています。しかし，どちらも原核生物には存在しません。ミトコンドリアと葉緑体の由来について学習していきましょう。

>> 1. 細胞内共生

　真核細胞は，細胞内に核・ミトコンドリア・葉緑体などの細胞小器官をもち，複雑な構造をしています。一方，原核細胞の構造は比較的単純です。このことから，**真核細胞は原核細胞から生じたと考えられています。**

　真核細胞にみられるミトコンドリアと葉緑体は，**核内のDNAとは異なる独自のDNAをもちます。**そして，**細胞の分裂とは別に，それぞれ分裂して増殖します。**このため，**ミトコンドリアと葉緑体は，原核細胞が他の細胞内に入って共生したものと考えられています。**このように，ある生物の細胞内に他の生物が取り込まれて共生することを**細胞内共生**といいます。

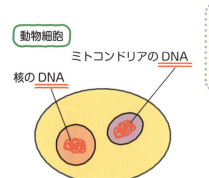

ミトコンドリアや葉緑体が共生したことで，呼吸や光合成といった複雑なシステムを得ることができたんだ。

≫ 2. ミトコンドリアと葉緑体の起源

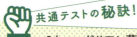

ミトコンドリアと葉緑体の起源をおさえよう！
共生した順序も重要！

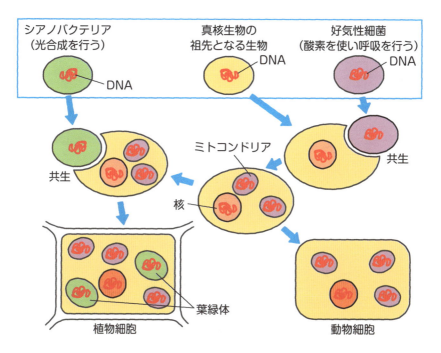

注：核膜とミトコンドリアが形成された順序には，さまざまな説があります。

先に好気性細菌が共生してミトコンドリアになり，その後にシアノバクテリアが共生して葉緑体になったんだよ。

酸素を用いずに有機物を分解する原核生物を**嫌気性細菌**といいます。また，嫌気性細菌よりも後に地球上に現れた，酸素を用いて有機物を分解する原核生物を**好気性細菌**といいます。原始的な真核生物の細胞内に好気性細菌が共生して**ミトコンドリア**の起源となり，このような細胞に，光合成を行う**シアノバクテリア**が共生して**葉緑体**の起源になったと考えられています。この考えを**共生説**といいます。

なお，好気性細菌と共生してミトコンドリアをもつようになった細胞はやがて動物細胞へと進化し，さらにシアノバクテリアと共生して葉緑体ももつようになった細胞はやがて植物細胞へと進化したと考えられています。

Point!

| 共生説のまとめ |

◎共生説
・好気性細菌がミトコンドリアの起源。
・シアノバクテリアが葉緑体の起源。

◎共生説の根拠
・ミトコンドリアと葉緑体は独自の DNA をもつ。
・ミトコンドリアと葉緑体は，それぞれ分裂によって増殖する。

範囲外だけど，もっと詳しく知りたい人へ

 細胞小器官の二重膜構造の由来

核膜は 2 枚の膜からなります。ミトコンドリアや葉緑体も，それぞれ内外 2 枚の膜をもちます。これらの細胞小器官は，なぜ二重の膜をもつようになったのでしょうか。

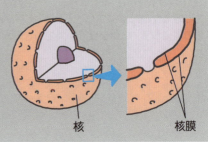

Theme 7 ミトコンドリアと葉緑体   67

　核膜から説明していきましょう。核膜は、原核細胞が原始的な真核細胞に進化する過程で形成されました。下図のような形で細胞膜が陥入し、染色体を包み込んだ結果、二重の膜をもつようになったと考えられています。

　ミトコンドリアと葉緑体は、それぞれ好気性細菌とシアノバクテリアのような原核細胞が、原始的な真核細胞に取り込まれることで生じたのでしたね。原始的な真核細胞は、原核細胞を取り込む際、膜で包み込むようにして細胞内に取り込んだのです。そのため、内側の膜は原核細胞由来、外側の膜は真核細胞由来の、二重の膜をもつようになったと考えられています。⇒ p.32 もチェック！　なお、核膜とミトコンドリアが形成された順序には、さまざまな説があります。

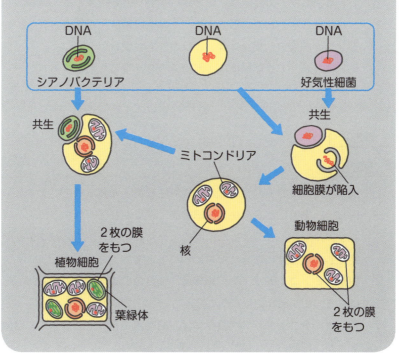

68   Chapter_1   生物の特徴

練習問題

次の文章を読み，下の問いに答えよ。

　真核細胞は，細胞内に核，ミトコンドリア，葉緑体などの細胞小器官を
もち，複雑な構造をしている。これらの細胞小器官の起源を説明する考え
の一つに共生説がある。

問　下線部に関連する記述として最も適当なものを，次の①〜④のうちか
　ら一つ選べ。
　①　ミトコンドリアの起源は，シアノバクテリアと考えられている。
　②　ミトコンドリアが先に形成され，その後に葉緑体が形成された。
　③　ミトコンドリアと葉緑体は，独自の核をもつ。
　④　ミトコンドリアや葉緑体は，細胞外でも分裂して増殖する。

解答　②

解説

　①　誤り。ミトコンドリアの起源は好気性細菌と考えられています。
　②　正しい。原始的な真核生物の細胞内に好気性細菌が共生してミトコ
　　ンドリアになり，このような細胞に，光合成を行うシアノバクテリア
　　が共生して葉緑体になったと考えられています。
　③　誤り。ミトコンドリアや葉緑体は，独自のDNAはもっていますが，
　　核はもっていません。
　④　誤り。ミトコンドリアや葉緑体は，細胞内でそれぞれ分裂して増殖
　　しますが，細胞外では単独では増殖できません。

Chapter

2

遺伝子とそのはたらき

Theme 8 DNAの構造

中学校では，遺伝に規則性があることや，遺伝子の本体がDNAであることを学習しました。Theme 8 では，遺伝子の本体である DNA とはどのような物質で，どのような構造をもつのか学習しましょう。

≫ 1. DNAの構成単位

DNA の構成単位はヌクレオチドである。

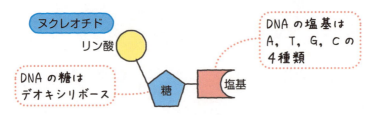

　生物が生きていくためには多数の遺伝子が必要であり，**遺伝情報**は**DNA**（デオキシリボ核酸）という物質に保存されています。
　DNA は，**ヌクレオチド**とよばれる構成単位が鎖状に多数つながってできています。ヌクレオチドは，**リン酸**，**糖**，**塩基**からなります。DNA を構成するヌクレオチドの糖は**デオキシリボース**であり，塩基は**アデニン(A)**，**チミン(T)**，**グアニン(G)**，**シトシン(C)**の4種類です。したがって，ヌクレオチドは，どの塩基を含むかによって4種類に分けられます。

RNA を構成するヌクレオチドとの違いもよく問われるよ。
⇒ Theme 10 もチェック！

2. DNA の構造

> 共通テストの秘訣!
> DNA は二重らせん構造をしている。
> A と T, G と C が相補的に結合する!

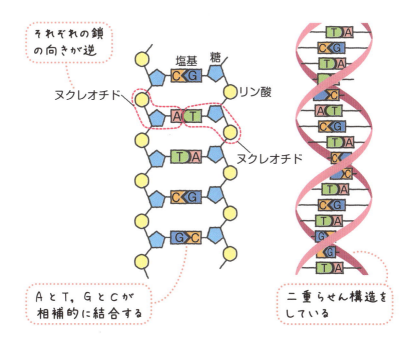

　DNA は、糖とリン酸が交互につながった 2 本のヌクレオチド鎖で構成されています。それぞれのヌクレオチド鎖の内側には塩基が突き出ていて、**A と T, G と C** とがそれぞれ特異的に結合して塩基対をつくり、ねじれてらせん状になっています。このような DNA の構造を**二重らせん構造**といいます。このモデルは、**ワトソン**と**クリック**によって提唱されました。
　A と T, G と C が特異的に結合する性質を、**塩基の相補性**といいます。塩基には相補性があるため、**ヌクレオチド鎖の片方の塩基の配列が決まれば、もう一方の塩基の配列も決まる**ことになります。DNA の塩基の配列は遺伝子ごとに異なっており、この塩基の配列が遺伝情報となっています。⇒ Theme 10 もチェック!

遺伝子に関する研究者

- **メンデル**…エンドウの交配実験を行い，遺伝の法則性を発見しました。そして，遺伝子の存在を示唆しました。
- **ミーシャ**…患者の膿からDNAを発見しました。
- **モーガン**…ショウジョウバエの研究によって，遺伝子が染色体上に並んで存在していることを示しました。
- **グリフィス**…病原性の**肺炎球菌**（S型菌）を加熱殺菌したものと，非病原性の肺炎球菌（R型菌）を混合すると，R型菌がS型菌に**形質転換**することを発見しました。

S型菌（病原性） カプセルあり

R型菌（非病原性） カプセルなし

- **エイブリー**…肺炎球菌の**形質転換**がDNAによって起こることを証明し，DNAが遺伝物質だと考えました。
- **ハーシーとチェイス**…T₂ファージが大腸菌に感染するときに，ファージのタンパク質は大腸菌内に入らないが，DNAは大腸菌内に入ることを示し，遺伝子の本体がDNAであることを証明しました。

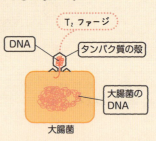

- **シャルガフ**…いろいろな生物のDNAを調べ，生物の種類によって，含まれているA，T，G，Cの割合に違いはあるが，どの生物でもAとT，GとCの数の比がそれぞれ1：1であることを発見しました（シャルガフの規則）。
- **ウィルキンス**と**フランクリン**…X線をつかって，DNAがらせん構造をもつことを示しました。
- **ワトソン**と**クリック**…シャルガフやウィルキンスとフランクリンの研究結果をもとに，DNAの**二重らせん構造**のモデルを提唱しました。

>> 3. 遺伝情報と DNA

共通テストの**秘訣!**

ヒトは，両親からゲノムを1セットずつ受け継ぐ！

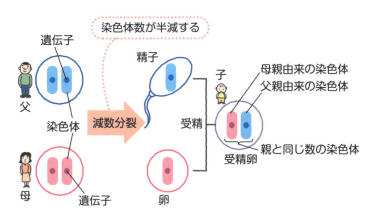

・遺伝子は DNA 上に存在するよ。
・子は両親から染色体を**半数ずつ受け継ぐ**よ。

　真核生物の**染色体**は **DNA** とタンパク質からなります。通常の体細胞には同じ大きさと形の染色体が一対ずつあり，このような染色体を**相同染色体**といいます。多くの生物では，**減数分裂**によって，生殖のための特別な細胞がつくられます。それらを配偶子（卵や精子）といい，2個の配偶子が受精することで新しい個体が生じます。

　ある生物の配偶子の核にある，染色体 DNA のすべての遺伝情報（塩基配列）を**ゲノム**といいます。卵や精子にはゲノムが1セットずつ含まれています。したがって，受精によって生じる子（新個体）は，両親からそれぞれ1セットずつのゲノムを受け継ぐため，2セットのゲノムをもつことになります。⇒ Theme 11 もチェック！

遺伝情報と DNA の関係を例えると…

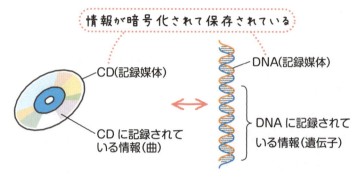

　つまり，大腸菌の細胞内の DNA には大腸菌の設計図(遺伝情報)が，ヒトの細胞内の DNA にはヒトの設計図(遺伝情報)がそれぞれ書き込まれて保存されているのです。

実験&観察

DNA の抽出実験

① DNA を多く含む試料として，魚の精巣，ニワトリの肝臓，ブロッコリーなどを用います。試料を乳鉢に取り，すばやくすりつぶします。
② 水に食塩と台所用合成洗剤を加えて，乳鉢中で十分混ぜます。洗剤の代わりにトリプシン(タンパク質分解酵素)水溶液を使ってもOKです。
③ ガーゼでろ過して固形物を除きます。
④ 氷冷した**エタノール**を静かに加えると，繊維状の DNA が抽出できます。
⑤ ガラス棒で，繊維状の DNA を巻き取ります。

Theme 8 DNAの構造 75

練習問題

遺伝子に関する下の問いに答えよ。

問 2本鎖DNAの構造に関する記述として**誤っているもの**を，次の①～⑤のうちから一つ選べ。

① DNAの一方の鎖の構成要素(A，T，G，C)の配列が決定されると，もう一方の鎖のDNAの構成要素の配列が決まる。

② DNAの2本の鎖は，二重らせん構造をとっている。

③ DNAの一方の鎖に含まれる4種類の構成要素の数の割合は，もう一方の鎖に含まれる4種類の構成要素の数の割合と常に同じである。

④ DNAの構成要素AとT，GとCが，それぞれ相補的な結合をすることにより，DNAの2本の鎖はたがいに結合できる。

⑤ DNAの4種類の構成要素の数の割合は，一般に生物種により異なっている。

解答 ③

解説

たとえば，一方の鎖の塩基配列が「AAAAAAAAAA」だとすると，もう一方の鎖の塩基配列は「TTTTTTTTTT」ということになります。これは極端な例ですが，4種類の構成要素の数の割合が両方の鎖で等しくなるとは限りません。

Theme 9 遺伝情報の分配

　私たちヒトのからだは，もともと受精卵という1個の細胞が，体細胞分裂をくり返して増えたものです。そのため，どの細胞も同じDNAをもち，同じ遺伝情報を受け継いでいます。Theme 9では，DNAがどのようにして複製・分配されるのかを学習しましょう。

≫ 1. DNAと染色体

染色体はDNAとタンパク質でできている！

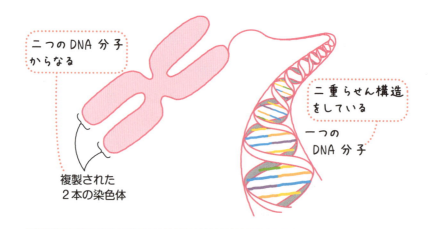

- 複製前の1本の染色体は，一つのDNA分子から形成されるよ。
- ヒトの体細胞には **46本の染色体** があるので，46本のDNAがあるということになるね。

真核生物の細胞では，DNA はおもに核内にあり，タンパク質とともに**染色体**を形成しています。二重らせん構造をした一つの DNA 分子が 1 本の染色体を形成するので，核内には染色体数と同じ本数の DNA 分子が存在していることになります。間期の細胞の染色体は，通常は核内に分散しています。しかし，細胞が分裂する時期になると，細長い糸状の構造が何重にも折りたたまれて凝縮され，太いひも状の染色体になり，光学顕微鏡でも観察できるようになります。

　なお，分裂中期（→ p.82）の染色体は，太く短いひも状の染色体が 2 本並んだ状態で観察されますが，これは複製された DNA 分子が隣接してできたものなので，**この 2 本の染色体に含まれる DNA の塩基配列は同じ**ものです。

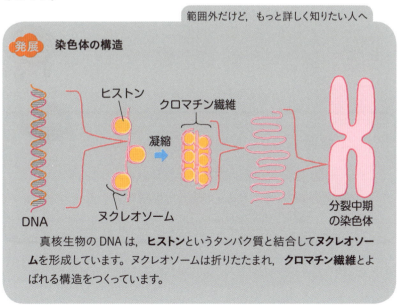

　真核生物の DNA は，**ヒストン**というタンパク質と結合して**ヌクレオソーム**を形成しています。ヌクレオソームは折りたたまれ，**クロマチン繊維**とよばれる構造をつくっています。

≫ 2. 体細胞分裂と減数分裂

　ここで，細胞分裂について整理しておきましょう。細胞分裂には，**体細胞分裂**と**減数分裂**があります。体細胞分裂では，分裂の前後で染色体数は変化せず，もとの細胞とまったく同じ遺伝情報をもった2個の新しい細胞が生じます。もとの細胞を**母細胞**，新しくできた細胞を**娘細胞**といいます。

　一方，減数分裂は精子や卵などの生殖細胞をつくるときに行われる分裂です。減数分裂によって生じた生殖細胞の染色体数は，母細胞の半数になります。

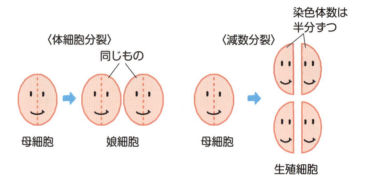

子どもの染色体数は親の染色体数と同じになります。それは，減数分裂によって染色体数が半減した生殖細胞どうしが合体するからです。

Point!

| 細胞分裂 |

- **体細胞分裂**…分裂の前後で染色体数は変化しない。
- **減数分裂**…分裂によって生じた生殖細胞の染色体数は，母細胞の半分になる。

≫ 3. 細胞周期

共通テストの秘訣!

細胞周期のS期にDNAが複製される!

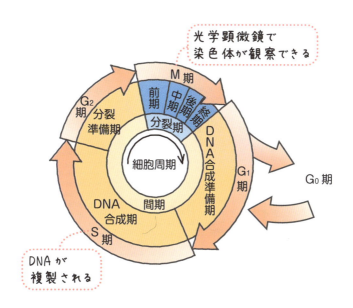

多細胞生物のからだを構成する細胞は，体細胞分裂によって増えます。体細胞分裂をくり返す細胞において，分裂が終わってから次の分裂が終わるまでを**細胞周期**といいます。細胞周期は，細胞分裂を行う**分裂期**(**M期**)と，それ以外の時期である**間期**に分けられます。間期はさらに，**G_1期**(DNA合成準備期)，**S期**(DNA合成期)，**G_2期**(分裂準備期)の3つに分けられ，**S期にDNAが複製されます**。なお，分裂を停止して分化した細胞(神経細胞や筋肉の細胞など)はG_0期(休止期，静止期)の状態にあります。一方，G_0期からG_1期へ移行する細胞(再生時の肝細胞など)もあります。

DNAが複製されるときには，塩基の相補性にもとづき，もとのDNAと同じ塩基配列をもつDNAがつくられます。

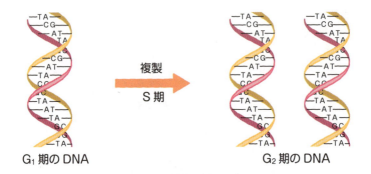

　体細胞分裂では，S期にDNA量が倍加し，分裂によって母細胞と同じDNA量をもった娘細胞が2個生じることになります。

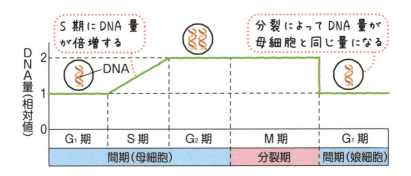

> **Point!**
>
> | 細胞周期 |
>
> ・細胞周期は間期（G₁期・S期・G₂期）と分裂期（前期・中期・後期・終期）に分けられる。
> ・DNAはS期に複製される。

DNAの複製のしくみ

範囲外だけど，もっと詳しく知りたい人へ

　DNAが複製されるときには，2本のヌクレオチド鎖がほどけます。そして，もとのヌクレオチド鎖がそれぞれ**鋳型**となり，塩基の**相補性**にもとづいて新しいヌクレオチド鎖が合成されます。このとき，2組の二本鎖DNAができますが，どちらの二本鎖も，一方はもとのヌクレオチド鎖に由来します。つまり，もとのヌクレオチド鎖が半分だけ保存されていることになります。そのため，このような複製の仕組みを**半保存的複製**といいます。半保存的複製は**メセルソン**と**スタール**によって証明されました。

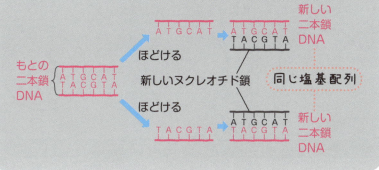

4. 体細胞分裂のしくみ

共通テストの秘訣！
各期の染色体の違いに着目して、体細胞分裂の過程をおさえよう！

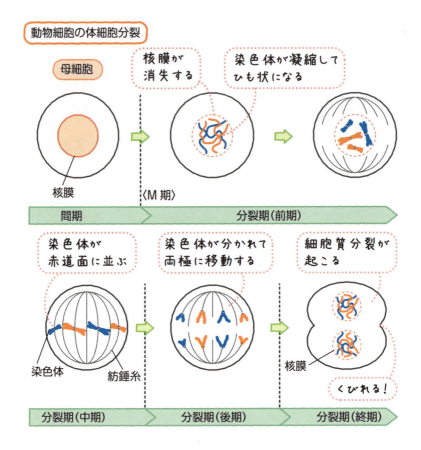

体細胞には、形と大きさがよく似た染色体が2本ずつあります。この対になる染色体を互いに**相同染色体**といいます。相同染色体のうち、1本は父親から、もう1本は母親から受け継ぎます。

分裂期は，核や染色体の形態などによって前期・中期・後期・終期の四つに分けられます。体細胞分裂では，まず**核分裂**が起こり，続いて**細胞質分裂**が起こります。

間期と分裂期の染色体の様子についてくわしく学んでいきましょう。

間期…染色体は核内に分散しています。

前期…核膜が消失し，染色体が凝縮してひも状となり，光学顕微鏡で観察できるようになります。

中期…凝縮して棒状になった染色体が細胞の赤道面（細胞の中央）に並びます。中期にみられる染色体は，太く短い棒状の染色体が2本並んだ状態で観察されますが，これはS期に複製されたDNA分子が隣接したものなので，2本の染色体に含まれるDNAの塩基配列は同じです。

後期…各染色体は，二つに分離し，紡錘糸(ぼうすいし)に引かれて両極に移動します。

終期…核膜が現れます。染色体は再度分散して，核膜に包まれます。終期には，細胞質分裂も起こります。動物細胞の場合，赤道面付近の細胞膜が中心に向かって**くびれ**ていき，細胞質が二分されます。植物細胞の場合，赤道面に**細胞板**(さいぼうばん)が形成され，ここに新しい細胞膜と細胞壁が形成されて細胞質が二分されます。

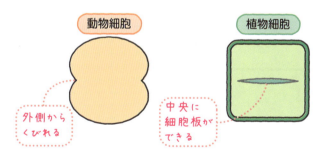

細胞分裂の過程で，分裂する前の細胞を母細胞といい，分裂してできた細胞を娘細胞といいましたね。間期のS期に複製されたDNAは，細胞分裂によって，娘細胞へと均等に分配されるため，母細胞と同じ遺伝情報をもつ娘細胞が2個生じることになります。

細胞分裂のまとめ | Point!

- **細胞周期**：体細胞分裂をくり返す細胞において，分裂が終わってから次の分裂が終わるまでの期間。**間期**と**分裂期（M 期）**に分けられる。

- **間期**：分裂期が終わってから，次の分裂期が始まるまでの間。間期はさらに，**G_1 期，S 期，G_2 期**の三つに分けられる。**S 期には DNA が複製される**。染色体は核内に分散している。

- **分裂期（M 期）**：細胞分裂が起きている時期。染色体が観察される。核や染色体の形態などによって前期・中期・後期・終期の四つに分けられる。

- **前期**：核膜が消失し，凝縮してひも状になった染色体が観察される。

- **中期**：棒状の染色体が細胞の赤道面に並ぶ。

- **後期**：各染色体が二つに分離し，紡錘糸に引かれて両極に移動する。

- **終期**：再び核膜が現れ，染色体は分散して，核膜に包まれる。細胞質分裂が起こる。

- **細胞質分裂**：動物細胞では，赤道付近の細胞膜が**くびれ**る。植物細胞では，赤道面に**細胞板**が形成される。

範囲外だけど，もっと詳しく知りたい人へ

減数分裂での DNA 量の変化

減数分裂は，分裂に先立って DNA が複製される点は体細胞分裂と同じです。しかし，2 回の分裂が連続して起こり，1 回目の分裂と 2 回目の分裂の間には DNA の複製が行われないため，生じる 4 個の娘細胞の DNA 量は，母細胞の半分になります。

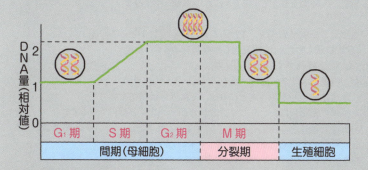

中心体と紡錘体形成

動物の細胞には**中心体**という細胞小器官が存在します。中心体は，分裂期になると両極に移動して，紡錘糸形成の起点となります。一方，被子植物などの高等植物の細胞には中心体はなく，分裂期になると，中心体なしで紡錘糸が形成されます。

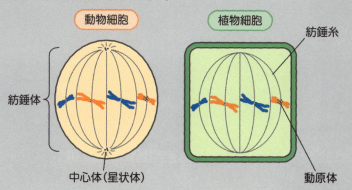

紡錘糸は，染色体の動原体とよばれる部分に付着するよ。

実験＆観察

体細胞分裂の観察

タマネギやニンニクの根の先端では，さかんに体細胞分裂が行われており，細胞周期のさまざまな段階の細胞を観察することができます。

①タマネギまたはニンニクの根を先端から 1〜3 cm のところで切り取ります。

②切り取った根を 5〜10℃の**酢酸**に 5〜10 分浸します。⇒細胞を生きているときに近い状態に保ちます（**固定**）。

③固定した根の先端を，約 60℃の**希塩酸**に 10〜20 秒浸します。⇒細胞どうしの接着をゆるめ，細胞どうしを離れやすくします（**解離**）。

タマネギ
水

④③の根を水で洗った後，先端から 2〜3 mm の部分だけをスライドガラス上にのせ，それ以外は捨てます。⇒根の先端にはさかんに細胞分裂が行われている部位があります。

⑤根の先端に，**酢酸オルセイン**を 1〜2 滴落とし，5〜10 分間放置します。⇒染色体を赤色に染めて観察しやすくします（**染色**）。

⑥カバーガラスをかけ，ろ紙をかぶせてその上から親指の腹で押します。⇒細胞どうしが重ならないよう，押し広げて一層にします（**押しつぶし**）。

⑦光学顕微鏡で観察します。

ろ紙

練習問題

次の文章を読み，下の問いに答えよ。

細胞が体細胞分裂をして，増殖しているとき，細胞は「分裂期」，「分裂期のあとDNA合成（複製）開始までの時期」，「DNA合成の時期」，及び「DNA合成のあと分裂期開始までの時期」の四つの時期をくり返す。これを細胞周期という。

問 図は，体細胞分裂をくり返しているある哺乳類の培養細胞の集団を採取して，細胞当たりのDNA量を測定した結果である。次の文章中の ☐1 ～ ☐3 に入れるのに適当なものはどれか。以下の選択肢①～⑥のうちから最も適当なものを一つずつ選べ。なお，図中の記号と選択肢の記号は対応しているものとする。

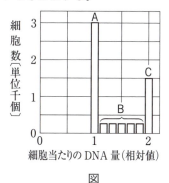

図

図の棒グラフの ☐1 はDNA合成の時期の細胞である。 ☐2 は，DNA合成のあと分裂期開始までの時期と分裂期の両方の時期の細胞を含む。 ☐3 は分裂期のあと次のDNA合成開始までの時期の細胞である。

① A ② B ③ C
④ A＋B ⑤ A＋C ⑥ B＋C

解説

　図のCの細胞は，Aの細胞の2倍のDNA量であることがわかります。したがって，Aの細胞はDNAを合成する前の細胞（G_1期の細胞），Cの細胞はDNAを合成したあとの細胞（G_2期とM期の細胞），その中間のDNA量であるBの細胞は，DNAを合成中の細胞（S期の細胞）だと考えられます（下図）。

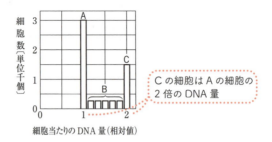

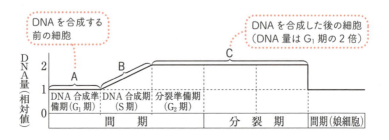

　したがって，DNA合成の時期（S期）の細胞はB，DNA合成のあと分裂期開始までの時期（G_2期）と分裂期（M期）の両方の時期の細胞はC，分裂期のあと次のDNA合成開始までの時期（G_1期）の細胞はAとなります。

> グラフを読み取る場合には，まずは縦軸と横軸が何を表しているのかをチェックしましょう！

Theme 10 遺伝情報の発現

　生物のからだをつくったり，化学反応の触媒(酵素)としてはたらいたりして，生命活動の中心的な役割をはたしているのが，タンパク質です。DNAの塩基配列がもつ遺伝情報は，このタンパク質の情報でもあります。Theme 10 では，遺伝情報をもとに，タンパク質が合成される過程を学習しましょう。

>> 1. タンパク質

共通テストの秘訣！

タンパク質は，アミノ酸でできている。

アミノ酸の配列順序が異なると違うタンパク質になる

タンパク質は多数のアミノ酸が鎖状につながった分子。タンパク質の種類は，構成するアミノ酸の種類・総数・配列順序によって決まるよ。

生体内にあるタンパク質は，さまざまな生命活動において重要な役割を担っています。

いくつか例をあげておきましょう。

・**酵素**

カタラーゼやアミラーゼなどの酵素は，生体内の化学反応(代謝)を促進するはたらきがあります。(→ p.52)

・**コラーゲン**

繊維状のタンパク質で，動物の皮膚や骨などの構成成分であり，組織や器官の構造を維持するはたらきがあります。

・**クリスタリン**

眼の水晶体に含まれる透明なタンパク質です。

・**ヘモグロビン**

赤血球に含まれ，酸素を運搬するはたらきがあります。(→ p.131)

・**ホルモン(インスリンなど)**

内分泌腺から分泌され，情報の伝達を行います。(→ p.154)

> **補足**
> ホルモンには，タンパク質ではないものもあります。

・**抗体(免疫グロブリン)**

免疫において，重要なはたらきをするタンパク質で，異物の無毒化に関します。(→ p.197)

タンパク質は，多数の**アミノ酸**がつながってできる分子です。**タンパク質の種類は，アミノ酸の種類・総数・配列順序によって決まる**ので，これらが違うと異なったタンパク質になります。タンパク質には非常に多くの種類がありますが，すべて **DNA の遺伝情報に基づいて合成**されます。

範囲外だけど，もっと詳しく知りたい人へ

 タンパク質の構造

アミノ酸の構造

　生物体のタンパク質を構成するアミノ酸は **20 種類**あります。これらのアミノ酸は，1 個の炭素原子（C）に**アミノ基**（－NH_2），**カルボキシ基**（－COOH），水素原子（H），および側鎖（下図の－R）が結合した化合物です。それぞれのアミノ酸は，側鎖の構造が異なっています。

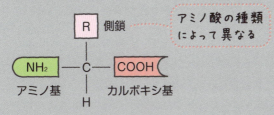

ペプチド結合

　タンパク質を構成するアミノ酸どうしは，一方のアミノ酸のカルボキシ基と他方のアミノ酸のアミノ基から 1 分子の水（H_2O）が取り去られて結合します。このような結合を**ペプチド結合**といいます。

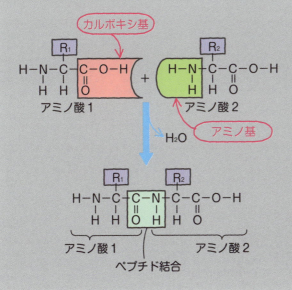

タンパク質の構造

- **一次構造**：2分子以上のアミノ酸がペプチド結合した分子を**ペプチド**といい，多数のアミノ酸がペプチド結合によって鎖状につながった分子を**ポリペプチド**といいます。また，このポリペプチドのアミノ酸配列を，タンパク質の**一次構造**といいます。タンパク質の一次構造は，DNAの遺伝情報によって決定されます。
- **二次構造**：ポリペプチドの離れた位置にあるアミノ酸どうしが**水素結合**することでつくられる部分的な立体構造を，タンパク質の**二次構造**といいます。二次構造には**αヘリックス構造**（らせん状の構造）や**βシート構造**（ジグザグ状の構造）などがあります。
- **三次構造**：一つのポリペプチドが複雑に折りたたまれてできる特有の**立体構造**を，タンパク質の**三次構造**といいます。三次構造は，二次構造がさらに組み合わされたりしてつくられます。
- **四次構造**：複数のポリペプチドが組み合わさってできる立体構造をタンパク質の**四次構造**といいます。

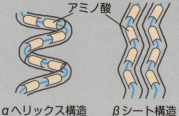
αヘリックス構造　　βシート構造

三次構造の例（ミオグロビン）

>> 2. RNA の構造

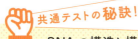

RNA の構造と構成要素をおさえよう。
DNA との違いが問われる！

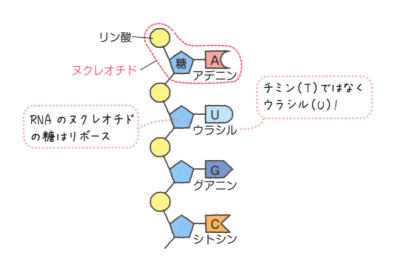

- RNA は，ふつうは1本鎖だよ。
- DNA との違いをチェックしよう！
  デオキシリボース ⇔ リボース
  チミン(T) ⇔ ウラシル(U)

　RNA は DNA と同様に，**ヌクレオチド**とよばれる構成単位が鎖状に多数つながってできています。⇒ p.70，71 もチェック！

　RNA を構成するヌクレオチドの場合，糖は**リボース**であり，塩基には**アデニン(A)**，**ウラシル(U)**，**グアニン(G)**，**シトシン(C)**の4種類があります。RNA は，ふつう1本のヌクレオチド鎖でできていて，その長さは染色体の DNA に比べると非常に短くなっています。

>> 3. セントラルドグマ

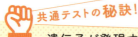
遺伝子が発現するためには，転写と翻訳というステップが必要。

「遺伝情報は，DNA → RNA →タンパク質へと一方向に伝達される」とする考えをセントラルドグマというよ。

　遺伝情報にしたがって，タンパク質が合成されることを，「遺伝子が**発現**する」といいます。この過程は，DNA の遺伝情報を RNA へ写し取る**転写**，転写された遺伝情報をアミノ酸配列に読みかえる**翻訳**の二つの段階に分けられます。

> 補足
> 「翻訳」とよぶのは，塩基配列をアミノ酸配列に変換する様子が，ある言語を異なる言語に変換する過程に似ているから。

　DNA の二重らせん構造のモデルを提唱したうちの一人である**クリック**は，細胞がもつ遺伝情報は，原則として **DNA → RNA →タンパク質**へと一方向に流れ，これはすべての生物に共通すると考えました。このような遺伝情報の流れに関する考えを**セントラルドグマ**といいます。

>> 4. 転写

共通テストの秘訣！
真核生物の場合，転写は核内で行われる！

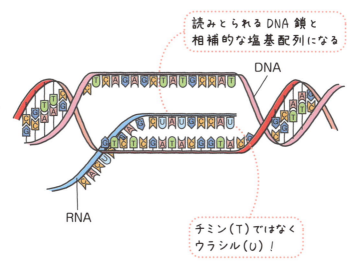

読みとられるDNA鎖と相補的な塩基配列になる

DNA

RNA

チミン（T）ではなくウラシル（U）！

DNAの2本のヌクレオチド鎖のうち，**一方のヌクレオチド鎖のみが転写される**よ。複製との違いに注意しよう。

　タンパク質が合成される際には，DNAの塩基配列の一部が写し取られることによってRNAが合成されます。DNAの塩基配列がRNAに写し取られる過程を**転写**といいます。

　転写の過程では，まず，DNAの塩基対どうしの結合が切れ，2本鎖の一部がほどけます。ほどけた部分では，DNAの**一方のヌクレオチド鎖の塩基にRNAのヌクレオチドの塩基が相補的に結合**します。すなわち，**AにはU，TにはA，GにはC，CにはGが結合**します。**RNAの場合は，TではなくUである点に注意して下さい！**　その後，隣り合うRNAのヌクレオチドどうしが連結されて，DNAの塩基配列を写し取った

1本鎖のRNAができます。

　複製はDNA全体について行われるのに対し，転写は発現する遺伝子の部分だけで起こります。そのため，DNAの一部だけが写し取られることになります。

> 複製はDNA全体について行われるのに対し，転写はDNAの一部の塩基配列（発現する遺伝子の部分）だけが写し取られる点も注意しよう！

範囲外だけど，もっと詳しく知りたい人へ

発展　スプライシング

　転写の際には，RNAのヌクレオチドどうしが**RNAポリメラーゼ（RNA合成酵素）**のはたらきによって連結され，1本鎖のRNAができます。このRNAには，DNAの塩基配列が正確に写し取られています。真核生物のDNAには，mRNAになる部分である**エキソン**と，mRNAにならない部分である**イントロン**とがあります。転写の過程ではエキソンだけでなくイントロンの部分も転写されます。その後，転写によって生じたRNA（mRNA前駆体）から，イントロンが除かれ，エキソンがつなぎ合わされてmRNA（伝令RNA）になります。この過程を**スプライシング**といいます。

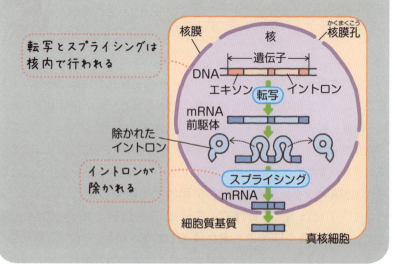

転写とスプライシングは核内で行われる

イントロンが除かれる

>> 5. 翻訳

塩基の並び順によって特定のアミノ酸が指定される。

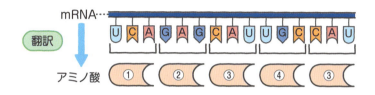

塩基3個の配列が，1個のアミノ酸を指定するよ！

　転写によってDNAの塩基配列を写し取ったRNAは，タンパク質のアミノ酸配列の情報をもっています。このようなRNAを **mRNA**（伝令RNA）とよびます（注：真核生物の場合について詳しくは左ページを参照して下さい）。mRNAの **連続する塩基3個の配列が，1個のアミノ酸を指定します**。指定されたアミノ酸どうしが結合することで，DNAの遺伝情報どおりのタンパク質が合成されることになります。この過程を **翻訳** といいます。

RNAの塩基は4種類（A・U・G・C）なので，塩基3個だと4通り×4通り×4通り=4^3=64種類の塩基配列をつくることができます。

遺伝情報の発現

Point!

- **タンパク質**：多数の**アミノ酸**が鎖状につながった分子。その種類は，アミノ酸の種類・総数・配列順序によって決まる。
- **RNA**：RNA を構成するヌクレオチドの糖は**リボース**であり，塩基は**アデニン（A）**，**ウラシル（U）**，**グアニン（G）**，**シトシン（C）**の4種類である。
- **セントラルドグマ**：遺伝情報は，**DNA → RNA →タンパク質**へと一方向に伝達されるとする考え。
- **転写**：DNA の塩基配列が RNA に写し取られる過程。
    - ① DNA の2本のヌクレオチド鎖のうち，一方のヌクレオチド鎖のみが写し取られる。
    - ② DNA 全体ではなく，DNA の特定の部分だけが写し取られる。
- **翻訳**：DNA の塩基配列を写し取った **mRNA** の塩基配列にしたがって，タンパク質が合成される過程。**mRNA の連続する塩基3個の配列が，1個のアミノ酸を指定する。**

範囲外だけど，もっと詳しく知りたい人へ

 いろいろな RNA と翻訳のしくみ

rRNA と tRNA

　RNA には，mRNA の他にも，**rRNA（リボソーム RNA）**や **tRNA（転移 RNA，運搬 RNA）**などがあります。タンパク質を合成する細胞小器官を**リボソーム**といいますが，rRNA は，このリボソームを構成する RNA です。tRNA は，特定のアミノ酸と結合し，そのアミノ酸をリボソームに運ぶ役割を果たしています。

　rRNA と tRNA はともに細胞質基質ではたらきます。

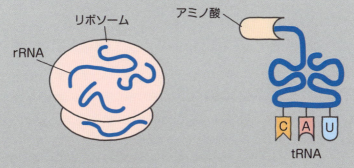

コドン（遺伝暗号）

　DNA や RNA のヌクレオチドを構成する塩基はそれぞれ **4 種類ずつ**で，タンパク質を構成するアミノ酸は **20 種類**です。連続した 3 個の塩基の組合せ（**トリプレット**）が 1 個のアミノ酸に対応します。4 種類の塩基によってつくられるトリプレットの種類は $4^3=$**64 種類**となるので，アミノ酸の種類よりも，たくさんの組合せができることになります。

　mRNA の連続する塩基 3 個の配列のことを**コドン（遺伝暗号）**といい，コドンが指定するアミノ酸は次ページの表のようになっています。この表から，複数のコドンが重複して 1 種類のアミノ酸を指定している場合が多いことがわかります。

		第2番目の塩基				
		ウラシル(U)	シトシン(C)	アデニン(A)	グアニン(G)	
第1番目の塩基	U	UUU UUC } フェニルアラニン UUA UUG } ロイシン	UCU UCC UCA UCG } セリン	UAU UAC } チロシン UAA (終止)** UAG (終止)	UGU UGC } システイン UGA (終止) UGG トリプトファン	U C A G	第3番目の塩基
	C	CUU CUC CUA CUG } ロイシン	CCU CCC CCA CCG } プロリン	CAU CAC } ヒスチジン CAA CAG } グルタミン	CGU CGC CGA CGG } アルギニン	U C A G
	A	AUU AUC AUA } イソロイシン AUG メチオニン(開始)*	ACU ACC ACA ACG } トレオニン	AAU AAC } アスパラギン AAA AAG } リシン	AGU AGC } セリン AGA AGG } アルギニン	U C A G
	G	GUU GUC GUA GUG } バリン	GCU GCC GCA GCG } アラニン	GAU GAC } アスパラギン酸 GAA GAG } グルタミン酸	GGU GGC GGA GGG } グリシン	U C A G

＊開始コドン…メチオニンを指定するコドンであると同時に，タンパク質の合成を開始する目印としてのはたらきをもつ。
＊＊終止コドン…対応するアミノ酸がないので，タンパク質の合成が停止する。

コドンとアンチコドン

　mRNA の連続した3個の塩基の組合せ（トリプレット）を**コドン**（**遺伝暗号**）ということは先ほど説明しました。tRNA には，mRNA のコドンと相補的に結合するトリプレットがあり，これを**アンチコドン**といいます。
　tRNA は，それぞれ特定のアミノ酸と結合します。そして，結合したアミノ酸をリボソームに運び，アンチコドンの部分で mRNA のコドンと結合します。このようにして，コドンが指定するアミノ酸がリボソームに運ばれ，翻訳が行われるのです。

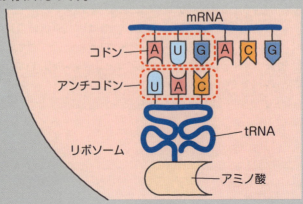

翻訳のしくみ

　タンパク質合成の場となる細胞小器官は**リボソーム**です。リボソームがmRNAに付着すると，tRNAがmRNAの**コドン**に**アンチコドン**の部分で相補的に結合します。tRNAによって運ばれてきたアミノ酸は，隣り合うアミノ酸と**ペプチド結合**します。リボソームはmRNA上を3塩基分ずつ移動し，この移動によって，新たなtRNAがmRNAに結合できるようになります。そして，アミノ酸を渡し終えたtRNAは，mRNAから離れて再びアミノ酸を運搬してきます。この過程をくり返すことによって，mRNAの塩基配列がタンパク質のアミノ酸配列に変換されます。

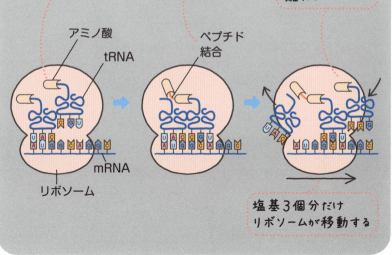

102　*Chapter_2*　遺伝子とそのはたらき

練習問題

遺伝子とそのはたらきに関する下の問い（**問1・2**）に答えよ。

問1　DNA のもつ遺伝情報は，まず mRNA（伝令 RNA）の合成に際して転写される。その情報にしたがって，決まったアミノ酸がつらなって特定のタンパク質が合成される。図はそれら一連の関係を模式的に示したものである。図中の**ア・イ**の部分に相当する塩基配列として最も適当なものを，次の①～⑦のうちから一つずつ選べ。ただし，記号 A，T，U，G，C は，それぞれアデニン，チミン，ウラシル，グアニン，及びシトシンを指す。

DNA の塩基配列　　　　…−□−□−□−G−T−G−G−T−T−…

mRNA の塩基配列　　　…−G−G−U−C−A−C−□−□−□−…

タンパク質のアミノ酸配列　──|グリシン|−|ヒスチジン|−|グルタミン|──

図

① C―A―A　　② C―A―C　　③ C―C―A

④ G―G―U　　⑤ G―T―G　　⑥ G―T―T

⑦ G―U―U

問2　図の DNA の塩基配列のうち，最右端に示されている T が突然変異によって G に置き換わった場合，この遺伝子部分からつくられるペプチドのアミノ酸配列はどのように変わるか。最も適当なものを，次の①～④のうちから一つ選べ。

① ──|グリシン|─|ヒスチジン|──

② ──|グリシン|─|ヒスチジン|─|グリシン|──

③ ──|グリシン|─|ヒスチジン|─|ヒスチジン|──

④ ──|グリシン|─|ヒスチジン|─|グルタミン|──

解答 問1 ア③ イ①　問2 ③

解説

問1 DNAやRNAの塩基には相補性という性質があり，決まった相手としか結合しません。DNAであれば，AとT，GとCが互いに結合します。一方，RNAの塩基にはTがなく，代わりにUをもちます。図より，中央の3個の塩基も相補的であることがわかるので，アの空欄の塩基配列はC—C—A，イの空欄の塩基配列はC—A—Aということになります。

DNAの塩基配列　　　　　　…－ア[C-C-A]-G-T-G-G-T-T-…

mRNAの塩基配列　　　　　…-G-G-U-C-A-C-イ[C-A-A]-…

タンパク質のアミノ酸配列　——[グリシン][ヒスチジン][グルタミン]——

図

問2 最右端に示されているTが突然変異によってGに置き換わり，G—T—Gとなった場合，対応するmRNAの塩基3個の配列はC—A—Cになります。これは，1個左隣のヒスチジンを指定している塩基3個の配列と同じなので，やはりヒスチジンが指定されると考えられます。したがって，答えは③です。

DNAに含まれる塩基はA，T，G，Cの4種類。
RNAはTではなくUを含む点に注意しよう！

Theme 11
遺伝子とゲノム

　Theme 8 で，ゲノム・DNA・遺伝子について学習しました。Theme 11 では，ゲノム・DNA・遺伝子の関係を整理してより理解を深めるとともに，分化した細胞の遺伝情報について学習します。

≫ 1. ゲノム

共通テストの秘訣！

ゲノムについておさえよう！
ヒトの体細胞は 2 セットのゲノムをもっている。

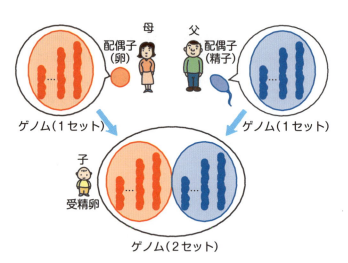

・配偶子には 1 セットのゲノムが入っているよ。
・受精卵は，両親からそれぞれ 1 セットずつのゲノムを受け継ぐため，2 セットのゲノムをもつことになります。

Theme 11　遺伝子とゲノム　　105

　ある生物の配偶子の核にある，染色体 DNA のすべての塩基配列（遺伝情報）を**ゲノム**といいます。ヒトの場合，卵や精子などの生殖細胞には1セットのゲノムが含まれており，体細胞には母親と父親から受け継いだ2セットのゲノムが含まれていることになります。

　ゲノムの大きさはゲノムサイズともよばれ，DNA の塩基対の数で表されます。ヒトのゲノムの塩基配列の解読は，2003 年に終了しました。さらにこれを解析した結果，**ヒトゲノムを構成する DNA は約 30 億塩基対**からなり，その中に**約 2 万個**（推定で，20500 個と考えられています）の遺伝子があると考えられています。

　現在では，1000 種以上の生物のゲノムが解読され，ゲノムを構成する塩基対の数や遺伝子の数が調べられています。次の表は，ゲノムが解読された代表的な生物のゲノムサイズと遺伝子数の推定値です。ゲノムが解読されることで，その成果はさまざまな研究に活かされています。

生物例	ゲノムの総塩基対数	遺伝子数
大腸菌	約 500 万（約 460 万）	約 4500（4400）
酵母菌	約 1200 万（約 1300 万）	約 7000（約 6200）
ショウジョウバエ	約 1 億 2000 万（約 1 億 8000 万）	約 14000（約 13700）
シロイヌナズナ	約 1 億 3000 万（約 1 億 2000 万）	約 27000
イネ	約 4 億（約 4 億 3000 万）	約 32000
ヒト	約 30 億	約 20000（約 20500）

この数字は覚えよう

＊（　）は複数説あります。

>> 2. ヒトのゲノム

共通テストの**秘訣**！

ゲノムと遺伝子の関係をおさえよう！

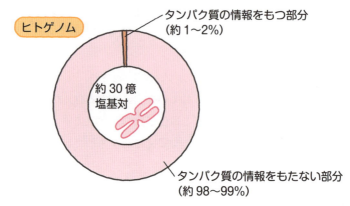

ヒトゲノムのうち，タンパク質の情報をもつ部分は，たったの1〜2％程度にすぎないんだね。

　前述のように，ヒトのゲノムDNAは**約30億塩基対**からなり，その中に**約2万個**の遺伝子が含まれていると考えられています。ヒトゲノムの場合，タンパク質の情報をもつ領域は，DNAの塩基配列の**約1〜2％程度**にすぎないと考えられています。すなわち，残りの約98〜99％の部分は，タンパク質のアミノ酸配列を指定していない部分ということになります。

　ヒト以外の他の真核生物でも，ゲノム全体の一部しか遺伝子としてはたらいていないことがわかっています。一方，原核生物では，遺伝子としてはたらかない部分はあまりみられず，ゲノム全体のほとんどの部分が遺伝子としてはたらいています。

遺伝子とゲノム Point!

- **ゲノム**：その生物が個体として生命活動を営むのに必要な最小限の遺伝情報の1セット。
- **ゲノムサイズ**：ゲノムの大きさのこと。ゲノムサイズは，ふつうDNAの塩基対の数で表される。ヒトゲノムを構成するDNAは**約30億塩基対**からなり，その中に**約2万個**の遺伝子が含まれている。
- **遺伝子**：さまざまな意味をもつが，ここではタンパク質のアミノ酸配列の情報をもったDNA上の領域を指す。遺伝子が転写・翻訳されてタンパク質が合成されることを「**遺伝子が発現する**」という。
- **ヒトのゲノム**：ヒトゲノムを構成するDNAのすべての塩基配列が遺伝子としてはたらいているわけではなく，遺伝子はDNA上にとびとびに存在している。ヒトゲノムのうちタンパク質の情報をもつ部分は，DNAの塩基配列全体の**約1〜2％程度**にすぎないと考えられている。

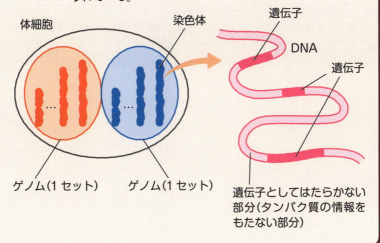

範囲外だけど，もっと詳しく知りたい人へ

発展　ゲノムは個人情報

　ヒトの全ゲノムを解読しようという国際プロジェクト（**ヒトゲノム計画**）は，2003年に終了しました。ヒトゲノムが解読されたことによって，分子生物学の研究，病気の原因やその治療法の開発などの多くの分野に革新的な成果をもたらしました。

　多くの生物集団では，同じ種の個体間でわずかな塩基配列の違いが存在します。なかには，ゲノムDNAの特定部位のある塩基が，1塩基単位で個体ごとに異なるような箇所も多くみつかっています。このような，個体間でみられる1塩基単位での塩基配列の違いを**一塩基多型**（SNP：スニップ）といいます。

　このような遺伝情報の研究が進むと，そのヒトが将来どのような病気にかかるリスクが高いのかを，遺伝子診断により調べることができるようになります。リスクがわかっていれば，それに対して対策を講じることができます。また，患者さんに薬を投与する前に，どの程度の副作用が出るのかをあらかじめ予測し，患者さんごとに適切な投薬を行うことも可能になります。これをテーラーメイド医療（オーダーメイド医療）といいます。

　ただし，遺伝情報の解読は利点ばかりではありません。遺伝子の個人情報は，究極のプライバシーであるともいえます。このプライバシーがしっかりと保護されるような環境や法整備がなされないと，今後さまざまなトラブルが生じる可能性があります。

≫ 3. 分化した細胞の遺伝情報

共通テストの秘訣！

分化した細胞の核にも，受精卵と同じゲノムが含まれている！

　私たちのからだは，たくさんの細胞で構成されています。その数は数十兆個にのぼり，細胞の種類は200種にも及ぶといわれています。これらの細胞は，すべて一つの細胞（＝受精卵）から生み出されたものです。受精卵は体細胞分裂をくり返して細胞数を増やしていきます。そして，分裂によって生まれた細胞は，やがて特定のはたらきをもつようになるのです。つまり，ある細胞は神経として機能するようになり，また別の細胞は筋肉として機能するようになるというわけです。このように，**細胞が特定のはたらきをもつようになる**ことを，細胞の**分化**といいます。

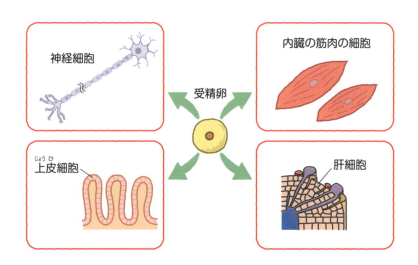

分化によっていろいろな細胞ができるんだ。

分化によって多様な体細胞がつくられますが，それらのもつ**ゲノムは基本的にすべて同じ**ものです。体細胞分裂では，母細胞の遺伝情報が均等に分配されるので，一つの受精卵に由来する体細胞が同じゲノムをもつのは当然だと思うかもしれませんが，かつては，分化によって細胞は不要な遺伝子を失っていくとする説もありました。

範囲外だけど，もっと詳しく知りたい人へ

  核移植

イギリスの生物学者であるガードンは，まず，白色のアフリカツメガエル（以下カエル）の幼生（オタマジャクシ）の腸から細胞を採取し，そこから核を取り出しました。次に，褐色のカエルの未受精卵に紫外線を当てて核のはたらきを失わせ，そこに白色のカエルの核を移植しました。すると，核を移植された一部の未受精卵が正常に発生し，白色のカエルが誕生したのです。

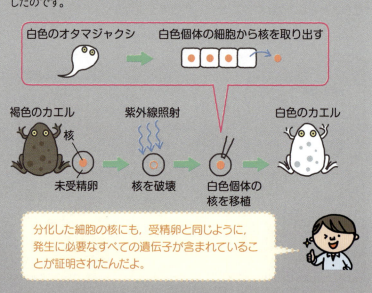

分化した細胞の核にも，受精卵と同じように，発生に必要なすべての遺伝子が含まれていることが証明されたんだよ。

この実験で誕生した個体は，**すべて白色**でした。この結果から，移植された白色のカエルの核には，**カエルの発生に必要なすべての遺伝子**が含まれているということがいえます。

　すなわち，腸の細胞は，**腸としてはたらくための遺伝子しかもっていないというわけではなく**，腸の細胞に**分化したあとでも，その核には発生に必要なすべての遺伝子が保持されている**のです。こうして，分化にともなって不要な遺伝子を失うという仮説は否定されました。なお，核移植によって生じた個体は，体細胞の核を提供した個体とまったく同じ遺伝情報をもっています。このような個体を**クローン**といいます。

> **補足**
> ガードンは，山中伸弥とともに，2012年にノーベル生理学・医学賞を受賞した。

≫ 4. 分化した細胞と遺伝子発現

細胞が分化するしくみをおさえよう！

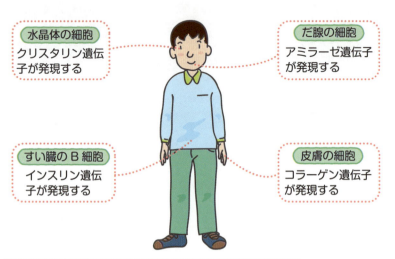

個体を形成している体細胞はすべて同じ遺伝子をもっているけれど，発現している遺伝子は細胞ごとに異なるんだね。

　カエルの腸の細胞には，腸のはたらきに必要な遺伝子のほかにどのような遺伝子が含まれているのでしょうか。答えは**「カエルが生きるために必要な，すべての遺伝子」**です。すでに学習したように，一個体に含まれるすべての体細胞は基本的に同じゲノムをもっています。それにもかかわらず，腸の細胞や，皮膚の細胞のような，いろいろな種類の細胞が分化するのはなぜなのでしょうか。

　それは，**分化した細胞では，特定の遺伝子だけが発現している**からです。つまり，その細胞にとって必要な遺伝子のスイッチだけがオンになり，それ以外はオフになっているのです。ヒトを例にしてみましょう。ヒトのだ腺の細胞ではアミラーゼの遺伝子が発現しています。でも，インス

リンの遺伝子は発現していません。逆に，すい臓のランゲルハンス島のB細胞ではインスリンの遺伝子は発現していますが，アミラーゼの遺伝子は発現していません。

このように，それぞれの細胞で異なる遺伝子が発現することで多様な細胞が分化するのです。

>> 5. だ腺染色体

パフでは遺伝子が転写されている。

特定の遺伝子だけが発現している様子を，実際に観察によって確かめることができます。ここでは，**だ腺染色体**という特別な染色体を例にとって説明しましょう。

だ腺染色体とは，キイロショウジョウバエやユスリカのだ腺（だ液を分泌する器官）の細胞に見られる巨大な染色体です。だ腺染色体を酢酸カーミン溶液で染色すると，全長にわたってしま模様が現れます。この**しま模様は，遺伝子がある位置を示しています**。

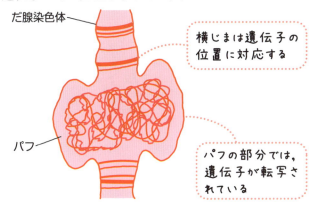

パフが形成されている部分と，そうでない部分があるぞ！

このだ腺染色体をよく観察してみると，**ところどころに膨らんだ部分がある**ことがわかります。この膨らみを**パフ**といいます。パフでは，通常は凝縮しているはずのDNAがほどけた状態になっています。それは，**その部分にある遺伝子が，さかんに転写されている**からです。パフの位置を調べると，どの遺伝子が転写されていて，どの遺伝子が転写されていないかを，顕微鏡による観察で調べることができるのです。つまり，パフの観察によって，**発現している遺伝子と，そうでない遺伝子がある**ことがわかるのです。

範囲外だけど，もっと詳しく知りたい人へ

発展　キイロショウジョウバエの成長にともなうパフの変化

　パフの位置と大きさは，幼虫が蛹になるにつれて，さまざまに変化します。これは，発生の段階によって，発現する遺伝子の種類や，その発現量が変化することを表しています。下図は，キイロショウジョウバエの幼虫から蛹になるときのパフの位置を模式的に示したものです。

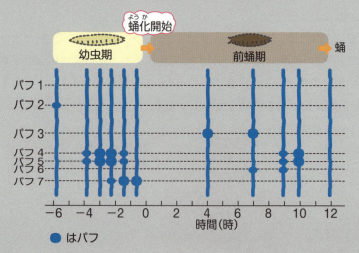

発生の段階に応じて，染色体上の異なる遺伝子が発現しているんだね。

細胞が分化するしくみ

Point!

- **キイロショウジョウバエやユスリカのだ腺染色体の観察：**
    - ①パフでは，そこに含まれる遺伝子が転写され，mRNAが合成されている。
    - ②パフが形成される部分とそうでない部分があることから，発現している遺伝子と，発現していない遺伝子があることがわかる。

- **分化した細胞の遺伝情報：**
    - ①多細胞生物の個体を形成している体細胞は基本的にすべて同じ遺伝情報，すなわち同じゲノムをもっている。
    - ②分化した細胞では，すべての遺伝子が常にはたらいているわけではない。
    - ③分化した細胞では，細胞ごとに異なる遺伝子が発現している。

116   *Chapter_2*   遺伝子とそのはたらき

練習問題

次の文章を読み，下の問い（**問 l・2**）に答えよ。

生物は，遺伝情報を担う化学物質として DNA をもっている。ヒトをはじめとする真核生物の細胞において，(a)ゲノムを構成する DNA のうち，核内にある DNA は，細胞分裂の際に複製され，凝縮して太いひも状の(b)染色体とよばれる構造体となり，娘細胞に分配される。

問 l　下線部(a)に関連する次の**ア〜ウ**の記述について，その正誤の組合せとして正しいものを，下の①〜⑧のうちから一つ選べ。

ア　真核生物に属する全ての生物では，遺伝子の数は等しい。
イ　ヒトの同一個体において，神経の細胞と小腸の細胞とでは，核内にあるゲノム DNA は同じであり，発現する遺伝子の種類も同じである。
ウ　ヒトでは，ゲノムの一部だけが遺伝子としてはたらいている。

	ア	イ	ウ
①	正	正	正
②	正	正	誤
③	正	誤	正
④	正	誤	誤
⑤	誤	正	正
⑥	誤	正	誤
⑦	誤	誤	正
⑧	誤	誤	誤

Theme 11　遺伝子とゲノム　117

問2　下線部(b)に関して，次の文章中の　エ　・　オ　に入る語句として最も適当なものを，下のそれぞれの解答群の①～⑤のうちから一つ選べ。

　　ユスリカやショウジョウバエの幼虫の　エ　の細胞には，巨大な染色体がある。この染色体を観察すると，ところどころでパフとよばれる膨らんだ部分がみられる。パフでは，凝縮されていた DNA が部分的にほどけ，盛んに　オ　が行われている。

　エ　の解答群
① 筋　肉　　② 神　経　　③ 白血球　　④ 眼(め)　　⑤ だ　腺

　オ　の解答群
① DNA の複製　　② タンパク質の合成　　③ 遺伝子の転写
④ グルコースの分解　　⑤ タンパク質の分解

解答　問1　⑦　　問2　エ⑤　オ③

解説

問1　**ア**…誤り。生物ごとに遺伝子の数は異なります。例えば，ヒトは約20000，酵母菌は約 7000，イネは約 32000 の遺伝子をもちます。

　イ…誤り。ヒトの同一個体において，神経の細胞と小腸の細胞とでは，核内にあるゲノム DNA は同じなので，前半の文章は正しいのですが，分化した神経の細胞と小腸の細胞とでは発現する遺伝子は異なります。

　ウ…正しい。ヒトゲノムの全体のうち，タンパク質の情報をもつ領域は約1～2%程度と考えられています。

問2　ユスリカやショウジョウバエの幼虫のだ腺(だ液腺)の細胞には，巨大な染色体があり，パフでは，盛んに遺伝子の転写(mRNA の合成)が行われています。

Chapter 3

生物の体内環境

Theme 12
体液とその循環

　私たち生物には、からだの状態を一定に保つはたらきがあります。このはたらきのおかげで、生物は変化する環境においても生命活動を行うことができるのです。Theme 12 では、からだの状態を維持するために重要なはたらきをしている体液と循環系について学習します。

≫ 1. 恒常性

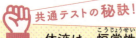

体液は、恒常性を維持するために重要なはたらきをしている！

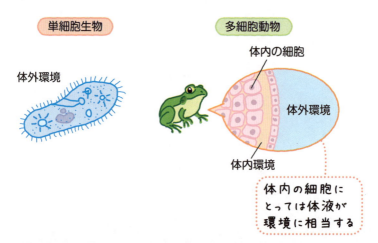

　生物は、寒い場所だったり、酸素の少ない場所だったり、さまざまな環境に置かれています。生物体が置かれた環境を**体外環境**といいます。ゾウリムシのような単細胞生物は、からだがまるごと体外環境にさらされていることになりますね。では、多細胞生物はどうでしょうか。

ヒトを例に説明しましょう。ヒトのような多細胞動物の場合，皮膚など体の表面は，体外環境にさらされています。一方，**体の内部にある細胞は，体液に浸っています**。つまり，体の内部の細胞にとって体液は，まさにある種の環境であるといえます。そのため，体液のことを**体内環境**といいます。

体外環境は，さまざまな要因で変化します。しかし，多細胞動物には，**体内環境を一定に保とうとする性質**があります。この性質を**恒常性**（**ホメオスタシス**）といいます。恒常性によって体内環境が一定に保たれるからこそ，体外環境が変化しても，細胞は安定して活動することができるのです。

2. 体液

ヒトのような脊椎動物の場合，体液は三つに分けられます。それは，血管内を流れる**血液**，組織の細胞の間を満たす**組織液**，リンパ管内を流れる**リンパ液**です。それでは，それぞれの体液についてくわしくみていきましょう。

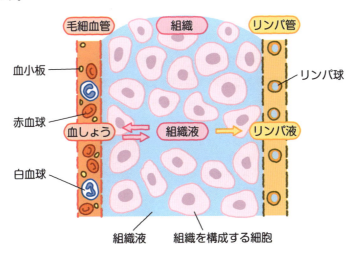

血液中の血しょうが，毛細血管からしみ出したものが組織液だよ。組織液の大部分は，再び毛細血管内にもどるけど，一部はリンパ管内に入ってリンパ液となるよ。

❶ 血液

　血液は，有形成分である**赤血球**・**白血球**・**血小板**と，液体成分である**血しょう**からなり，ヒトでは体重の約 $\frac{1}{13}$ を占めます。血球の多くは，骨の内部にある**骨髄**でつくられます。血液は，細胞に必要な酸素や栄養分などの物質のほか，二酸化炭素や老廃物なども運搬します。また，水分の保持・体温調節・病原体からの防御などにもかかわっていて，恒常性の維持に貢献しています。

❷ 組織液

　組織液は，血しょうが**毛細血管**からしみ出したものです。同じようなはたらきをもった細胞のあつまりを組織といいますが，組織を構成する細胞は，この組織液と直接的に接しています。そして，組織液を介して，さまざまな物質のやりとりを行っています。たとえば，細胞は組織液から酸素や栄養分を得たり，組織液中に二酸化炭素や老廃物を排出したりしているのです。組織液は，細胞間を流れたのち，大部分は再び毛細血管へと戻っていきます。

❸ リンパ液

　組織液の一部は，リンパ管に入って**リンパ液**となります。リンパ液には，免疫に関与する細胞である**リンパ球**が含まれています。リンパ液は最終的に**鎖骨下静脈**へと流れ込み，そこで血液と合流します。

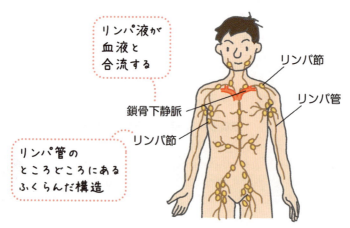

3. 血液

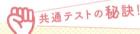

> 共通テストの**秘訣**！
> 赤血球の数は，血球の中で一番多い。
> 白血球は核をもつが，ヒトの赤血球は核をもたない。

❶ 赤血球

ヒトの赤血球は，直径約 $8\mu m$ の円盤状で，中央はくぼんでいます。**核はもっていません。**

赤血球は，**ヘモグロビン**という**鉄**を含むタンパク質を多量にもっています。ヘモグロビンには，酸素と結合する性質があります。そのため，赤血球は肺から各組織へと効率的に**酸素を運搬**することができます。

核をもたない

ヒトの赤血球の寿命は約 120 日で，古くなった赤血球は**肝臓**や**ひ臓**で壊されます。⇒ p.141 もチェック！

❷ 白血球

白血球は核をもつ血球で，**好中球**・**リンパ球**・**マクロファージ**などの種類があります。いずれも免疫にかかわる細胞です。⇒ Theme 19 もチェック！ 通常，赤血球は血管の外に出ることはできませんが，白血球は変形して毛細血管の壁を通り抜けることができ，血管の内外を行き来します。マクロファージなどは，体内に侵入した異物を細胞内に取り込んで，消化・分解します。このようなはたらきを**食作用**といい，食作用を行う細胞を**食細胞**といいます。

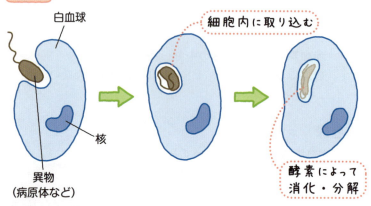

❸ 血小板

　血小板は，2〜4μmの大きさです。特に決まった形はなく，核をもちません。血液を凝固させ，傷口での出血をふせぐときに，重要な役割を果たす成分です。⇒p.133，134もチェック！

❹ 血しょう

　血しょうは，血液の液体成分で，血液の重さの約55％を占めています。血しょうの90％は水分ですが，タンパク質(約6〜8％)，グルコース(0.1％)，無機塩類などを含んでいます。血しょうには，二酸化炭素や尿素などの老廃物を運搬するはたらきもあります。

体液と恒常性 | Point!

- **体内環境**：細胞にとって，直接触れる体液は，一種の環境である。体液のことを体内環境という。
- **恒常性（ホメオスタシス）**：体外環境が変化しても，体液の状態を常に一定の範囲内に保とうとする性質。
- **体液**：**血液・組織液・リンパ液**の三つに分けられる。
- **血液**：血管内を流れる体液で，有形成分である**赤血球・白血球・血小板**と，液体成分である**血しょう**からなる。

名称	核	直径	数(/mm^3)	はたらき
赤血球	無	8μm	450万～500万	酸素の運搬
白血球	有	5～20μm	4000～9000	免疫
血小板	無	2～4μm	20万～40万	血液凝固

- **組織液**：血液の液体成分である血しょうが，**毛細血管**からしみ出したもの。大部分は，再び毛細血管内に戻るが，一部はリンパ管内に入ってリンパ液となる。
- **リンパ液**：リンパ管を流れる体液。**リンパ液**には，白血球の一種である**リンパ球**が含まれ，免疫に関与する。**鎖骨下静脈**で再び血液と合流する。

血液中の有形成分の数は，
　　　　赤血球＞血小板＞白血球
だよ。赤血球の数がかなり多いね！

>> 4. 血液の循環

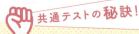

動脈血と静脈血が，それぞれどの血管を流れているのかが問われる。肺動脈・肺静脈・肝門脈が頻出！

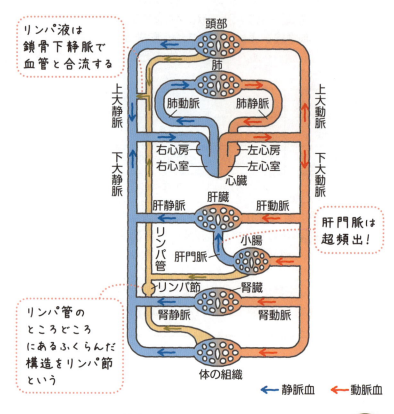

肺動脈を流れる血液は静脈血，肺静脈を流れる血液は動脈血だよ。

① 循環系

体液が，とどこおることなく全身をめぐることができるのは，心臓や血管などからなる**循環系**のはたらきによるものです。体液が循環すること

で，細胞に必要な物質や細胞が放出した老廃物は運搬されます。また，熱も体液の循環によって伝えられます。このように，循環系は体内環境を一定に保つのに役立っています。

> **補足**
>
> 脊椎動物の循環系は，**血管系**と**リンパ系**に分けられます。

❷ 動脈，静脈

心臓から送り出される血液が流れる血管を**動脈**といいます。一方，心臓に戻る血液が流れる血管を**静脈**といいます。脊椎動物や，ミミズのような環形動物では，**動脈**と**静脈**の間は**毛細血管**でつながっています。そのため，血液は常に血管内を循環します。このような血管系を**閉鎖血管系**（へいさけっかんけい）といいます。

❸ 動脈血，静脈血

酸素を多く含んだ（酸素ヘモグロビンが多い）血液を**動脈血**といいます。酸素の量が少ない（酸素ヘモグロビンが少ない）血液を**静脈血**といいます。動脈血は**鮮やかな赤色**（**鮮紅色**（せんこうしょく））をし，静脈血は**暗い赤色**（**暗赤色**（あんせきしょく））をしています。

> **補足**
>
> 私たちがケガをしたときに流れる血液の色は，鮮やかな色をしているように見えます。これは静脈血が外気に触れて酸素と反応したからです。

脊椎動物の中で，ほ乳類や鳥類の心臓は，二つの心房と二つの心室をもちます（**2 心房 2 心室**）。このような動物の循環系は，静脈血を肺へ送り出す**肺循環**と，動脈血を全身に送り出す**体循環**からなり，静脈血と動脈血が混ざることはありません。

Point!

｜ 動脈と静脈 ｜

動脈…心臓から送り出された血液が流れる。
静脈…心臓に戻る血液が流れる。

>> 5. 心臓と血液循環

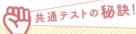

左心室は，全身へ向けて血液を送り出す！
ペースメーカーは右心房にある！

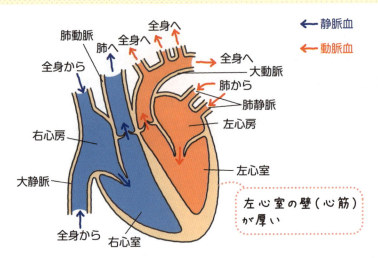

左心室の壁（心筋）が厚い

　ヒトの心臓は，二つの心房と二つの心室が収縮と弛緩をくり返し，ポンプのようにはたらくことで血液を一定の方向に送り出しています。心臓の内部には**弁**があり，血液が逆流するのを防いでいます。血液を動脈へと送り出すのが**心室**で，静脈から血液が流入するのが**心房**です。**体循環によって全身を循環し，含まれる酸素の量が少なくなった静脈血は大静脈を経て右心房に流入し，右心室から肺動脈によって肺に送られます。肺で酸素を受け取った動脈血は，肺静脈を経て左心房に流入し，左心室から大動脈によって再び全身に送られます。**

　心臓は通常，規則的なリズムで収縮します。心臓の周期的な収縮を**拍動**といい，**右心房**にある**ペースメーカー**（洞房結節）という部分が，心臓に刺激を与えることによって生じます。心臓が，外部の刺激がなくても自動的に拍動する性質を**自動性**といいます。

さまざまな循環系

❶ 血管系

脊椎動物や環形動物（ミミズなど）の血管系では，**動脈と静脈の間を毛細血管がつないでいるので**，血液は常に血管内を流れます。このような血管系を**閉鎖血管系**といいます。

一方，節足動物（昆虫やエビなど）や貝殻をもつ軟体動物（ハマグリなど）の血管系には毛細血管がありません。そのため，心臓から送り出された血液は，動脈の末端から出て細胞の間を流れ，その後静脈に入って心臓に戻ります。このような血管系を**開放血管系**といいます。

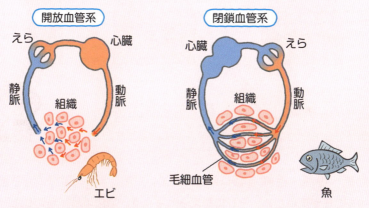

❷ さまざまな心臓のつくり

同じ脊椎動物であっても，動物の種類によって心臓の構造は異なります。魚類の心臓は**1心房1心室**，両生類とは虫類の心臓は**2心房1心室**，哺乳類と鳥類の心臓は**2心房2心室**です。

> 閉鎖血管系と開放血管系の大きな違いは毛細血管があるか，ないかだよ。

>> 6. 血管の構造

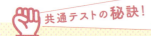

静脈には逆流を防ぐための弁がある！

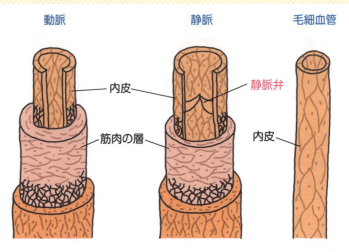

動脈は血圧が高いので，弁がなくても血液は逆流しないよ。

動脈・静脈・毛細血管は，構造に違いがあります。動脈は，静脈に比べて血圧が高いため，それに耐えられるよう，筋肉の層が発達した，弾力性に富んだ構造をしています。一方，静脈は，動脈に比べて血圧が低いため，逆流を防ぐための**弁**が存在します。動脈と静脈の構造には共通点もあり，どちらも最も内側には**内皮**とよばれる一層の細胞層があります。内皮の外側には筋肉（平滑筋）の層があり，その外側は，弾力に富む層に覆われています。毛細血管は一層の内皮細胞のみからなり，組織との間で物質のやりとりを行います。

>> 7. ヘモグロビンのはたらき

ヘモグロビンが酸素を運搬する！

からだの各細胞は呼吸を行っており，酸素を必要としています。酸素を運搬するはたらきをするのは，赤血球でしたね。脊椎動物では，酸素（O_2）を**ヘモグロビン**と結合させることで，肺から各組織へと運搬しています。

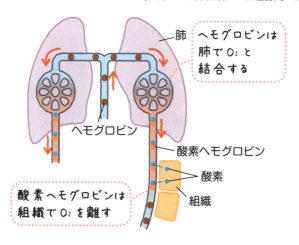

酸素を肺から組織へ運搬するためには，「肺で酸素と結合し，組織で酸素を離す」という性質が必要です。ヘモグロビンは酸素濃度が高く二酸化炭素濃度が低い条件（＝肺）では，酸素と結合し，**鮮紅色**の**酸素ヘモグロビン**になります。逆に，酸素濃度が低く二酸化炭素濃度が高い条件（＝組織）では，酸素を離して**暗赤色**の**ヘモグロビン**になります。赤血球が酸素を効率的に組織に届けることができるのは，ヘモグロビンにこのような性質があるおかげなのです。

$$\text{ヘモグロビン（Hb）} + O_2 \rightleftarrows \text{酸素ヘモグロビン（HbO}_2\text{）}$$
　　　　（暗赤色）　　　　　　　　（鮮紅色）

>> 8. 酸素解離曲線

酸素解離曲線を読み取り，計算できるようになろう！

　酸素濃度と酸素ヘモグロビンの割合が，どのような関係になっているかを示す曲線を，**酸素解離曲線**といいます。酸素解離曲線は，S字形の曲線で表されます。センター試験では，酸素解離曲線を用いた計算問題が出題されることがあります。次のグラフを用いて説明していきましょう。

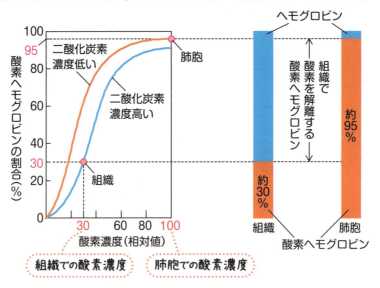

肺胞…小さな半球状をした構造体で，これらが集まって肺がつくられている。

　酸素解離曲線の計算問題では，「肺胞(肺)での酸素濃度は100で，二酸化炭素濃度は低い。組織での酸素濃度は30で，二酸化炭素濃度は高い」というような条件が与えられます。まずは，与えられた条件をもとに，肺胞(肺)と組織での酸素ヘモグロビンの割合を求めます。上のグラフだと，肺胞(肺)と組織での酸素ヘモグロビンの割合はそれぞれ，約95％と約30％です。

　したがって，ヘモグロビン全体のうちの 95－30＝65％が，この組織に

おいて、酸素(O_2)を離したことになります。つまり、この65％のヘモグロビンと結合していた酸素(O_2)が組織に供給されたことがわかるのです。

>> 9. 血液凝固

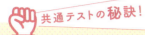

フィブリンに注目して、血液凝固のしくみをおさえよう！

　血管が傷ついて出血しても、やがて血液が凝固して傷口はふさがります。血液の凝固には、失血を最小限に抑えるとともに、傷口から細菌などが侵入するのを防ぐ役目があります。血液の凝固もまた、恒常性の維持に役立っているといえます。

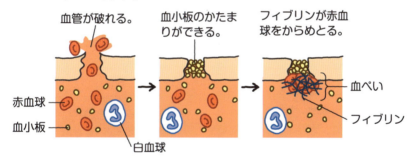

❶ 血液凝固のしくみ

　血管が傷つくと、そこにはまず血小板が集まってきます。血小板は血液凝固因子を放出し、血しょうに含まれる物質にはたらきかけます。すると、**フィブリン**という繊維状のタンパク質がつくられます。フィブリンは、赤血球などの血球をからめとって**血ぺい**という塊をつくります。血ぺいは傷口をふさぎ、出血は止まります。この一連の過程を**血液凝固**といいます。血ぺいによって止血されている間に傷口は修復され、傷口が修復されるとフィブリンを分解する酵素のはたらきで血ぺいは溶解して取り除かれます。これを**線溶（フィブリン溶解）**といいます。

❷ 血ぺいと血清

血液を試験管に入れてしばらく静置すると，上澄みと沈殿に分かれます。このときに生じる沈殿を**血ぺい**，淡黄色の上澄みを**血清**といいます。

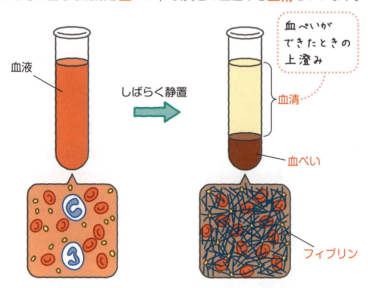

範囲外だけど，もっと詳しく知りたい人へ

発展　血液凝固

血小板などから放出された血液凝固因子のはたらきによって，**プロトロンビン**が**トロンビン**になります。トロンビンは血しょう中の**フィブリノーゲン**を**フィブリン**に変化させ，やがて血ぺいが形成されます。

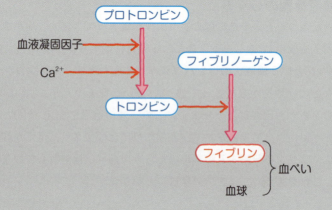

Theme 12　体液とその循環　**135**

練習問題

次の文章を読み，下の問い(**問1・2**)に答えよ。

　脊椎動物には，体外環境からの異物の侵入を防いだり，排除したりする
しくみがある。ア哺乳類の血液では，血管が傷ついて出血した場合，血液
をすみやかに固めるしくみがはたらき，体外からの病原体や異物の侵入を
防ぐとともに，血液が体内から失われるのを防いでいる。
　一方，脊椎動物は免疫とよばれる生体防御のしくみも備えている。体外
から体内に侵入した細菌やウイルスは，体液中のイ白血球の作用により除
去される。

問1　下線部**ア**に関する記述として最も適当なものを，次の①～⑤のうち
　　から一つ選べ。
　①　血管が傷つくと，最初に，白血球が集まり傷口をふさぐ。
　②　赤血球が傷口に付着し，血液凝固に関する物質を放出する。
　③　血小板が壊れるとヘモグロビンが放出され，血液の凝固が始まる。
　④　血小板と血しょうに含まれるさまざまな血液凝固に関する物質がは
　　たらき，フィブリンがつくられる。
　⑤　繊維状のグリコーゲンと血球がからみあい，血ぺいがつくられる。

問2　下線部**イ**の特徴に関する記述として最も適当なものを，次の①～④
　　のうちから一つ選べ。
　①　細胞の形は一定である。
　②　核をもたない。
　③　血液の有形成分で最も多い血球である。
　④　細胞内に異物を取り込んで分解する。

解答 問1 ④　　問2 ④

解説

問1　①誤り。血管が傷ついたとき，最初に集まって傷口をふさぐのは血小板です。
②誤り。血液凝固に関する物質(血液凝固因子)を放出するのは血小板です。
③誤り。ヘモグロビンは赤血球に含まれるタンパク質であり，血小板には含まれません。また，ヘモグロビンは酸素の運搬に関わるタンパク質であり，血液凝固には関係しません。
④正しい。
⑤誤り。血球をからめ取って血ぺいをつくるのは，繊維状のフィブリンというタンパク質です。なお，グリコーゲンは，肝臓などにおいてグルコースから合成される貯蔵物質です。

問2　①誤り。白血球は，アメーバのように変形しながら毛細血管の壁を通り抜けることができます。
②誤り。ヒトの赤血球や血小板は核をもちませんが，白血球は核をもちます。
③誤り。血液の有形成分で最も数が多いのは赤血球です。
④正しい。白血球の一種であるマクロファージなどは，細胞内に異物を取り込み，消化・分解します。このようなはたらきを食作用といいましたね。

ヒトの赤血球・血小板…核をもたない！
白血球…核をもつ！

Theme 13 肝臓と腎臓

　体液中にはさまざまな物質が含まれています。そのなかには，生物にとって必要なものもあれば，有害なものもあります。肝臓と腎臓は，体液中の栄養分やタンパク質や無機塩類の濃度を一定に保ち，老廃物を無毒化したり，体外に排出したり，恒常性の維持にかかわっています。Theme 13 では，肝臓と腎臓について学習しましょう。

≫ 1. 肝臓の構造

共通テストの秘訣!

肝臓には，肝動脈だけでなく肝門脈からも血液が流入する！

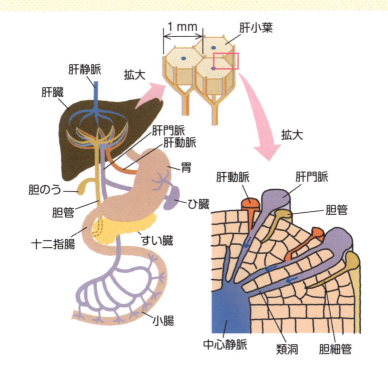

❶ 血管と胆管

ヒトの肝臓は，成人で **1 ～ 2 kg** ほどの重量がある最大の臓器です。肝臓とつながる主要な血管には，**肝動脈**，**肝静脈**，**肝門脈**があります。肝門脈は，小腸などの**消化管**と，**ひ臓**からでる静脈が合流する血管です。⇒ p.126 もチェック！

また，肝臓は**胆管**ともつながっています。胆管とは，肝臓で生成した胆汁を十二指腸に分泌する管です。

❷ 肝小葉

肝臓は，**肝小葉**とよばれる基本単位が集まってできています。肝小葉は，**1 mm** ほどの大きさで，六角形をしています。肝臓全体で**約 50 万個**存在し，ひとつの肝小葉には**約 50 万個**の肝細胞が集まっています。肝小葉には類洞とよばれる毛細血管が走っています。肝動脈や肝門脈からの血液は，類洞を流れて肝小葉の中心にある**中心静脈**に集まり，やがて肝静脈を経て心臓に戻ります。また，胆汁は肝細胞でつくられて胆細管に流れ込み，それから胆管へと集められます。

❸ 肝臓をめぐる血液

消化器やひ臓から送られてきた血液は，肝門脈を通って肝臓に流れ込みます。肝臓には肝動脈と肝門脈から血液が流入しますが，そのうちの多くは肝門脈から流れこみます。

食物中に含まれるデンプンは，グルコースに分解されて小腸で吸収されます。グルコースは，肝門脈を通って肝臓に流入した後，主に**グリコーゲン**として肝細胞内に蓄えられます。血糖濃度が低下すると，グリコーゲンが分解されてグルコースがつくられ，肝静脈を経て全身に送られます。つまり，**食後に最も多くのグルコースを含むのは肝門脈を流れる血液**で，**空腹時に多くのグルコースを含むのは肝静脈を流れる血液**です。⇒ p.126 もチェック！

≫ 2. 肝臓のはたらき

尿素がつくられるのは，腎臓ではなく肝臓！

　肝臓は，さまざまな物質を化学反応によってつくり変えることで，体内環境を維持しています。肝臓で行われる化学反応を見ていきましょう。

① 血糖濃度の調節

　血液中には，細胞のエネルギー源となる**グルコース**（ブドウ糖）が流れています。血液中に含まれるグルコースを**血糖**といい，その濃度は**約 0.1 %（100 mg/100 mL）**に保たれています。グルコースは小腸で吸収されたのち，**肝門脈**を通って肝臓に送られ，肝細胞に取り込まれます。血糖濃度が上昇すると，グルコースの一部は**グリコーゲン**として肝細胞内に蓄えられます。グルコースが体内の各組織で消費されて血糖濃度が低下すると，肝臓は蓄えたグリコーゲンを分解してグルコースをつくり，血液中に放出します。その結果，血糖濃度は上昇します。このようにして，肝臓は血糖濃度の調節をしています。⇒ Theme 16 もチェック！

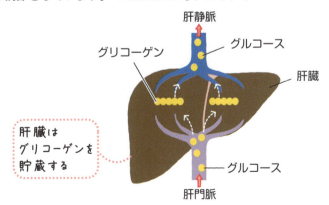

肝臓はグリコーゲンを貯蔵する

血糖濃度が上昇すると，グリコーゲンを合成します。
血糖濃度が低下すると，グリコーゲンを分解します。

❷ タンパク質の合成と分解

　肝臓は，血しょう中に含まれる**アルブミン**や**グロブリン**などのタンパク質のほか，血液凝固に関わるタンパク質なども合成しています。

❸ 解毒作用

　アルコールや薬物などを酵素によって分解し，無害な物質に変化させたり，体外に排出しやすい物質につくり変えたりします。

❹ 尿素の合成

　肝臓は，タンパク質やアミノ酸の分解によって生じた有害な**アンモニア**を，毒性の低い尿素につくり変えます。尿素は，腎臓とぼうこうのはたらきによって，尿の成分として体外に排出されます。

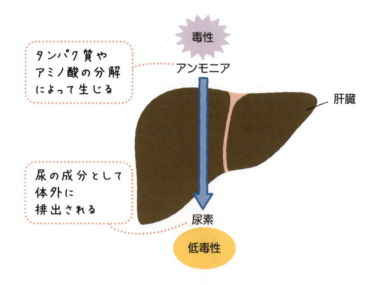

尿素は水に溶けやすい物質なので，尿に溶解させて体外に排出するよ。

❺ 赤血球の破壊

ヒトの赤血球の寿命は，約 120 日です。肝臓は古くなった赤血球を破壊します。このとき，赤血球に含まれる**ヘモグロビン**は分解され，**ビリルビン**やアミノ酸，**鉄イオン**が生じます。生じたアミノ酸は他のタンパク質の合成に利用され，鉄イオンは肝臓に貯蔵されます。

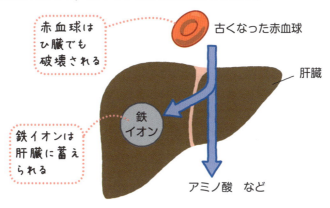

❻ 胆汁の生成

肝細胞で生成された**胆汁は，胆細管から胆管を通って胆のうに蓄えられます**。消化された食物が十二指腸に流れ込むと，胆のうから胆汁が放出されます。胆汁は脂肪の分解を行う酵素（リパーゼ）のはたらきを助けます。

胆汁は，ヘモグロビンの分解によって生じた**ビリルビン**や，解毒作用によって生じた不要な物質を含み，これらを便として体外に排出する役割も果たしています。

❼ 体温の維持

肝臓内で行われる，さまざまな物質の分解によって生じた熱で，体温を維持します。⇒ Theme 17 もチェック！

肝臓は，さまざまな化学反応を行う化学工場のような器官だね。

≫ 3. 腎臓の構造

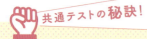
共通テストの秘訣!

腎単位（ネフロン）＝腎小体＋細尿管（腎細管）

ヒトの腎臓は，腹部の背側に左右一対あり，体液の濃度の調節や老廃物の排出を行います。

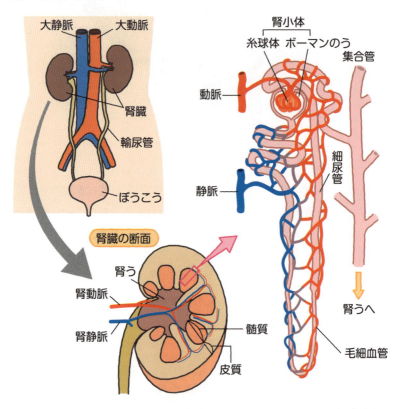

各部位の名前をしっかり覚えておこうね！
腎単位（ネフロン）の構造は頻出だよ。

腎臓は皮質，髄質，腎うの三つの部位に分けられ，皮質と髄質には**腎単位**（**ネフロン**）とよばれる構造があります。腎単位は，尿をつくるための構造単位で，**腎小体**（マルピーギ小体）とそこから伸びる**細尿管**（**腎細管**）で構成されます。腎小体は，毛細血管が球状に集合した**糸球体**と，それをつつむ**ボーマンのう**でできています。

細尿管は集合管につながっており，尿は集合管から腎う，さらに輸尿管を経てぼうこうに集められます。そして，体外へと排出されます。

腎単位はヒトの場合，ひとつの腎臓あたり約100万個もあります。

》》4. 腎臓のはたらき

共通テストの秘訣!

タンパク質はろ過されない！
グルコースはすべて再吸収される！

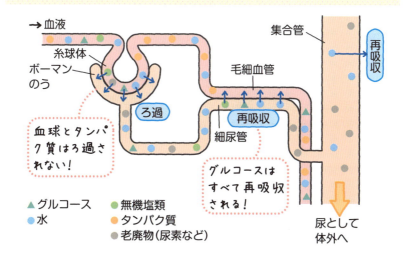

グルコース（ブドウ糖）は100％再吸収されるので，尿中には含まれないよ。
尿中にグルコースが含まれるのは**糖尿病**の場合だよ。

144   Chapter_3   生物の体内環境

腎臓には腎動脈，腎静脈という太い血管がつながっています。腎動脈から入ってきた血液は，腎単位の中を流れる過程でろ過され，適切に処理されます。必要な物質は腎静脈へ再吸収されて体内にとどまり，不要な物質はぼうこうへ送られて排出されるのです。このはたらきによって，さまざまな物質の濃度や水分の量が調節され，体液の恒常性は維持されています。
⇒ Theme 18 もチェック！

❶ ろ過

腎動脈から腎臓に送られた血液は，糸球体で**ろ過**され，ボーマンのうへと押し出されます。このときろ過された液体を**原尿**といいます。ろ過は血圧によって行われ，**血球やタンパク質のような大きなものはボーマンのうへろ過されません。** それは，糸球体の毛細血管壁にある穴を通り抜けられない大きさだからです。

❷ 再吸収

原尿が細尿管を流れる間に，水分・無機塩類・グルコースなど，からだに必要な物質は毛細血管へと**再吸収**されます。**通常，グルコース（ブドウ糖）は 100％再吸収されるため，尿中には含まれません。** 細尿管を通過した原尿は，集合管に送られ，ここでさらに水分が再吸収されます。そして残りが尿としてぼうこうへ送られます。⇒ Theme 18 もチェック！

Point!

┃ 肝臓と腎臓のまとめ ┃

肝臓のおもなはたらき…血糖濃度の調節，解毒，尿素・胆汁
　　　　　　　　　　　の生成，赤血球の破壊，体温の維持
腎臓のおもなはたらき…老廃物の排出，体液濃度の調節

練習問題

次の文章を読み，下の問い(**問1・2**)に答えよ。

図は，腎臓における物質の移動を示したものであり，過程**ア**と過程**イ**を経て尿がつくられる。

過程**ア**では血液中の物質が 1 からボーマンのうへ移動し，原尿となる。続いて過程**イ**では，原尿が 2 を通過するときに水分や無機塩類，糖などの多くが再吸収されて血液に戻り，残りが尿となって排出される。

問1 前の文章中の 1 ・ 2 に入る語は何か。最も適当なものを，次の①〜⑥のうちからそれぞれ一つずつ選べ。
① 輸尿管　② 細尿管　③ 腎う
④ 糸球体　⑤ 腎単位　⑥ 腎小体

問2 健康な大人では，1日におよそ2L(リットル)の尿がつくられるとする。過程**イ**において再吸収されない物質Xを静脈に注射し，一定時間後に測定したところ，血しょう中の濃度と尿中の濃度はそれぞれ0.1 g/100 mLと10 g/100 mLであった。この場合，過程**ア**で1日に生成された原尿の量はおよそどのくらいになるか。物質Xの濃縮率をもとに計算し，最も適当なものを次の①〜⑧のうちから一つ選べ。
① 12 L　② 24 L　③ 35 L　④ 70 L
⑤ 75 L　⑥ 140 L　⑦ 150 L　⑧ 200 L

146 *Chapter_3* 生物の体内環境

解答 問1 ⎡1⎤ ④ ⎡2⎤ ② 問2 ⑧

解説

問1 過程**ア**はろ過です。血液は，糸球体からボーマンのうへろ過され，原尿が生成されます。過程**イ**は再吸収です。原尿が細尿管を通過するときに，からだに必要な水分や無機塩類，糖などの多くは再吸収されて血液に戻り，残りが尿となって排出されます。

問2 通常，原尿から尿になる過程で，必要な物質や水は再吸収されるため，原尿量に比べ，尿量ははるかに少量です。

物質Xは，再吸収されない物質であり，原尿中に含まれる量と，尿中の量は等しくなります。しかし，物質Xの血しょう中の濃度は0.1 g/100 mLであり，尿中の濃度は10 g/100 mLです。これは，再吸収によって水が減り，物質Xの濃度が高くなったためです（タンパク質のようにろ過されない物質を除き，ほとんどの物質では血しょう中の濃度と原尿中の濃度は等しくなります）。これを濃縮といい，濃縮率は次の式で求めることができます。

$$濃縮率 = \frac{尿中の濃度}{血しょう中の濃度}$$

この式を使うと，濃縮率 $= \dfrac{10}{0.1} = 100$

つまり，原尿から尿になる過程で，再吸収されない物質は，100倍に濃縮されることがわかりました。したがって，再吸収される前の原尿の量は，尿量を100倍した量であると考えることができます。

したがって，　原尿の量＝尿量2 L×100＝200 L

なお，原尿の量は次の式で求めることができます。

$$原尿量 = 再吸収されない物質の濃縮率 × 尿量$$

私たちのからだは，体外からさまざまな刺激を受け，それに反応しています。刺激に対する反応には，神経系が重要な役割を担っています。一方，神経系は，体内環境を一定に保つうえでも重要なはたらきをしています。Theme 14 では，恒常性の維持のために，私たちの神経系がどのようにはたらいているのかを学習します。

≫ 1. 神経系

共通テストの秘訣！

間脳の視床下部は自律神経系の中枢としてはたらく！

体内環境を維持するために，体内ではさまざまな情報伝達が行われています。そこで重要な役割を果たしているのが，**神経系**です。

ヒトの神経系は，脳と脊髄からなる**中枢神経系**と，中枢神経系とからだの各部（骨格筋，内臓など）

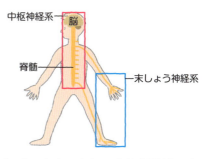

をつなぐ**末しょう神経系**から構成されています。末しょう神経系は，さらに体性神経系と**自律神経系**に分類されます。**自律神経系は，瞳孔や内臓などのからだの各器官のはたらきを調節**しています。

神経系を構成する細胞はニューロンとよばれ，長い突起をもった独特な構造をしています。ニューロンは，全身に情報をすばやく伝えることができます。

ヒトの脳は，**大脳・間脳・中脳・小脳・延髄**の各部位からなり，そ

れぞれ異なる役割をもっています。その中で，恒常性を維持するうえで特に重要な部位は，**間脳の視床下部**です。間脳の視床下部は，**自律神経系**の中枢としてはたらきます。

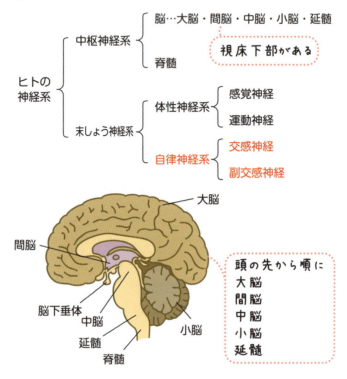

ヒトの中枢神経系のおもなはたらき

名称	おもなはたらき
大脳	記憶や判断といった高度な精神活動の中枢。
間脳	視床と視床下部に分けられる。視床下部は，自律神経系の中枢。
中脳	眼球の運動や瞳孔の大きさを調節する中枢。
小脳	からだの平衡を保つ中枢。
延髄	呼吸運動，心臓の拍動を調節する中枢。
脊髄	脳とからだの各部を連絡している。脊髄反射の中枢。

≫ 2. 自律神経系

共通テストの秘訣!

自律神経系には交感神経と副交感神経の2種類がある!

❶ 交感神経と副交感神経

　自律神経系には**交感神経**と**副交感神経**の2種類があります。多くの場合，一方が器官のはたらきを促進すれば他方は抑制するというように，相反する**拮抗的**（きっこうてき）な作用によって，**意志とは無関係**に心拍数や胃腸のはたらきなどを調節します。

　交感神経は，おもに**活発に活動しているときや，闘争状態のときにはたらきます**。たとえば，交感神経のはたらきによって，心臓の拍動や呼吸は促進されます。一方，副交感神経は，おもに**休息時などリラックスしているときや食後にはたらきます**。たとえば，副交感神経のはたらきによって，心臓の拍動や呼吸は抑制され，消化活動は促進されます。

　心臓の拍動を例にとってみると，交感神経は拍動を促進し，副交感神経は拍動を抑制するわけです。これが**拮抗的**な作用です。

	瞳孔（ひとみ）	心臓（拍動）	血圧	気管支	胃・腸（ぜん動）	排尿	立毛筋
交感神経	拡大	促進	上げる	拡張	抑制	抑制	収縮
副交感神経	縮小	抑制	下げる	収縮	促進	促進	—

呼吸促進 ↑　消化活動促進 ↓

※立毛筋や皮膚の血管は，交感神経のはたらきで収縮しますが，これらには副交感神経は分布していません。

- **交感神経**…おもに活発に活動している状態や闘争状態のときに，はたらきが優位になるよ。
- **副交感神経**…休息時のリラックスしている状態や食後に，はたらきが優位になるよ。

範囲外だけど，もっと詳しく知りたい人へ

  軸索の末端からは化学物質が放出される！

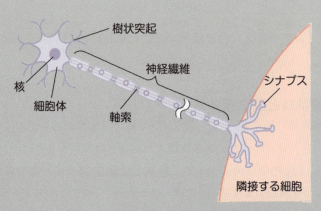

　ニューロンは，短い突起をもつ細胞体と長く伸びた突起からできています。この長く伸びた突起を**軸索**(じくさく)といい，末端は，すき間を隔てて他の細胞と接しています。この部分を**シナプス**といいます。軸索の末端からは，**神経伝達物質**とよばれる化学物質が放出され，隣接する細胞に興奮が伝達されます。交感神経の末端から放出される神経伝達物質はおもに**ノルアドレナリン**で，副交感神経の末端から放出される神経伝達物質は**アセチルコリン**です。

❷ 自律神経による拍動の調節

共通テストの秘訣！

心臓の拍動は，交感神経によって促進され，副交感神経によって抑制される！

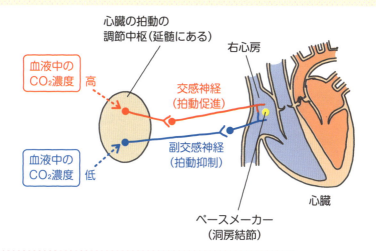

心臓の**ペースメーカーは右心房にある**よ。
交感神経と副交感神経は，ペースメーカーに作用して，心臓の拍動を調節するんだね。

　心臓は通常，規則的に拍動する性質があり，これを**自動性**といいましたね。自動性は，**右心房**にある**ペースメーカー**（洞房結節）により維持されています。

　激しい運動をすると，血液中の酸素（O_2）が消費され，二酸化炭素（CO_2）濃度が高まります。すると，この情報は**延髄**の心臓拍動中枢によって受け取られ，**交感神経**を経て心臓のペースメーカーに伝わります。交感神経のはたらきによって心臓の拍動が促進されると，血流量が増加し，血圧も上昇して組織への O_2 供給量が増えます。一方，安静時などで血液中の O_2 の消費量が減少し，CO_2 濃度が低下すると，この情報は**副交感神経**を経て心臓のペースメーカーに伝えられます。すると拍動は抑制され，血流量が減少して，血圧は下がります。このように，交感神経と副交感神経によって拍動が調節され，体内を循環する血流量は変化します。

≫ 3. 自律神経系の分布

共通テストの秘訣！
心臓や胃腸に分布する副交感神経が延髄から出ていることに注意！

　交感神経は脊髄から，**副交感神経は中脳・延髄・脊髄下部**からそれぞれ出ていて，内臓などの各器官に分布しています。自律神経は器官と直接つながっているため，すばやい情報伝達が可能です。

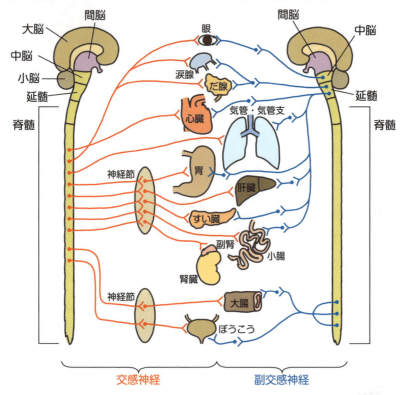

交感神経はすべて**脊髄**から，副交感神経は**中脳・延髄・脊髄下部**から出ているね。

Theme 14　自律神経系　　153

練習問題

自律神経系に関する次の問いに答えよ。

問　自律神経系に関する記述として適当なものを，次の①～⑥のうちから
二つ選べ。ただし，解答の順序は問わない。
① 　自律神経系の主たる中枢は，小脳である。
② 　交感神経は，中脳および延髄から出る。
③ 　交感神経の活動は，緊張時や運動時に高まっている。
④ 　副交感神経は，すべての器官のはたらきを抑制する。
⑤ 　血液の循環量は交感神経のはたらきによって減少する。
⑥ 　延髄から出る副交感神経が，心臓や胃に分布している。

解答　③・⑥（順不同）

解説

問　①誤り。自律神経系の主たる中枢は，間脳の視床下部です。
②誤り。交感神経はすべて脊髄から出ています。
③正しい。交感神経は，おもに活発に活動している状態や戦闘状態のと
きにはたらきが優位になります。
④誤り。副交感神経は，心臓の拍動や呼吸を抑制しますが，胃や腸の活
動などは促進します。
⑤誤り。交感神経は，心臓の拍動を促進して血圧を上昇させるため，血
液の循環量を増加させます。
⑥正しい。延髄から出る副交感神経は，心臓や胃，肝臓，すい臓などの
内臓に広く分布しています。

内分泌系（ホルモン）

恒常性の維持には，自律神経系だけでなくホルモンもかかわっています。Theme 15 では，ホルモンの特徴とそのはたらきについて学習します。

≫ 1. ホルモンと受容体
① ホルモン

 共通テストの秘訣！

ホルモンは血液中に分泌され，特定の器官のみに作用する。

　体内環境は，自律神経系のほかに**ホルモン**によっても調節されています。ホルモンとは，**内分泌腺**（「ないぶんぴつせん」ともよぶ）とよばれる器官から血液中に放出される物質です。ホルモンは血流にのって特定の組織や器官にたどりつき，その組織や器官に特定の反応を引き起こします。また，ホルモンは，ほんの微量でも作用するという点がポイントですよ。
　ホルモンを使って，体内環境を調節するしくみを**内分泌系**といいます。

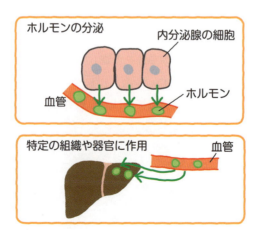

❷ 標的細胞と受容体

　神経系による調節では，反応が素早く起こります。それは，情報が神経を伝わって器官に直接届くためです。一方，ホルモンは，血流にのって運ばれるため，反応はゆっくりと起きます。しかし，その効果は，神経系による調節に比べて持続的です。

　ホルモンは，血液によって全身に運ばれるにも関わらず，特定の器官（**標的器官**）だけに作用します。それは，標的器官にある**標的細胞**に，特定のホルモンを受容する**受容体**が存在するからです。ホルモンは，標的細胞の受容体に結合することによって，その細胞に作用します。

神経系	内分泌系（ホルモン）
素早く作用する	ゆっくりと作用する
効果は一時的	効果は持続的
局所的に作用する	全身の標的器官に作用する

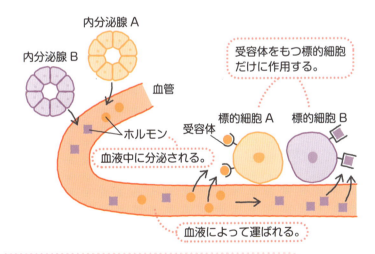

ホルモンの特徴は，次の４点！
・内分泌腺とよばれる特定の器官でつくられる。
・血液中に直接分泌される。
・特定の標的器官だけに作用する。
・微量で特定の生理作用を引き起こす。

>> 2. 内分泌腺

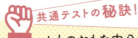

ヒトのおもな内分泌腺とホルモンについて覚えよう。
それぞれの内分泌腺がどこにあるのかも問われる！

① 内分泌腺のつくり

ヒトには，**腺**とよばれる器官があり，ホルモンや消化液のような物質を分泌しています。ホルモンを分泌しているのは**内分泌腺**ですが，だ液や汗を分泌しているのは**外分泌腺**です。だ液はだ腺から，汗は汗腺からそれぞれ分泌されます。

内分泌腺には排出管がなく，ホルモンを直接，血液中に分泌します。つまり，体内に分泌しているわけです。一方，**外分泌腺は，だ液や汗を体外に分泌**します。

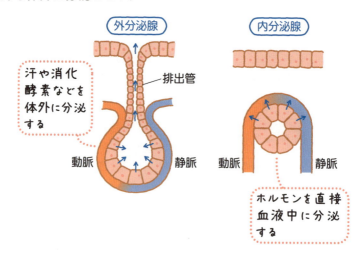

内分泌腺は体内に，外分泌腺は体外に，それぞれ物質を分泌しているよ。
内分泌腺には排出管が無いんだ。

❷ おもな内分泌腺

ヒトのおもな内分泌腺には，**脳下垂体**，**甲状腺**，**副甲状腺**，**副腎**，**すい臓のランゲルハンス島**などがあります。

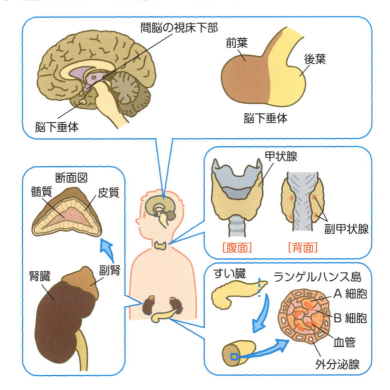

すい臓にはランゲルハンス島という内分泌腺が存在するよ。また，すい臓は，**すい液**という消化液を分泌する外分泌腺でもあるんだ。

❸ 内分泌腺とホルモン

次の表は，ヒトのおもなホルモンのはたらきをまとめたものです。どれも共通テストに頻出の内容なので，しっかりと覚えましょう！

内分泌腺		ホルモン	おもなはたらき
視床下部		放出ホルモン 抑制ホルモン	脳下垂体ホルモンの分泌を調節
脳下垂体	前葉	成長ホルモン	タンパク質合成を促進，血糖濃度を上昇させる，からだの成長促進
		甲状腺刺激ホルモン	チロキシンの分泌を促進
		副腎皮質刺激ホルモン	糖質コルチコイドの分泌を促進
	後葉	バソプレシン	腎臓の集合管での水の再吸収を促進，血圧を上げる
甲状腺		チロキシン	物質の代謝(異化)を促進，成長や組織の分化を促進
副甲状腺		パラトルモン	血液中のカルシウムイオン濃度を上げる
すい臓 (ランゲルハンス島)	A細胞	グルカゴン	血糖濃度を上昇させる
	B細胞	インスリン	血糖濃度を低下させる
副腎	髄質	アドレナリン	血糖濃度を上昇させる，心臓の拍動を促進
	皮質	糖質コルチコイド	(タンパク質からの糖の生成を促進して)血糖濃度を上昇させる
		鉱質コルチコイド	腎臓の細尿管(腎細管)でのナトリウムイオンの再吸収を促進

十二指腸には，**セクレチン**というホルモンを分泌する細胞があちこちに散らばっている。腺という形態をもたなくても，ホルモンは分泌されることがあるんだ。このセクレチンは，初めて発見されたホルモンで，すい臓に作用して**すい液の分泌を促す**はたらきがあるよ。覚えておこう。

>> 3. 視床下部と脳下垂体

共通テストの秘訣！
神経細胞がホルモンを分泌する場合もある。バソプレシンがよく問われる！

　間脳の視床下部とその下に位置する**脳下垂体**は，内分泌系で中心的なはたらきを担う器官です。脳下垂体は，おもに**前葉**と**後葉**という二つの部位からなります。

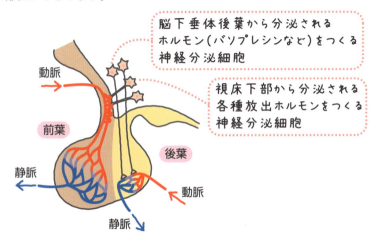

脳下垂体後葉から分泌されるホルモン(バソプレシンなど)をつくる神経分泌細胞

視床下部から分泌される各種放出ホルモンをつくる神経分泌細胞

バソプレシンは，間脳の視床下部の**神経分泌細胞**でつくられているんだよ！

① 脳下垂体前葉から分泌されるホルモンの調節

　視床下部は，**放出ホルモン**や**抑制ホルモン**を分泌します。このように，脳の神経細胞がホルモンを分泌することを**神経分泌**といい，ホルモンを分泌する神経細胞を**神経分泌細胞**といいます。
　視床下部の神経分泌細胞は，血管を介して，脳下垂体前葉とつながっています。放出ホルモンや抑制ホルモンは，血管を通って脳下垂体前葉に作用し，前葉から分泌されるホルモンの量を調節しています。

❷ 脳下垂体後葉から分泌されるホルモンの調節

　視床下部の神経分泌細胞の一部は，脳下垂体後葉まで伸びていて，後葉の毛細血管に直に接しています。バソプレシンは，このような神経分泌細胞によって合成された後，脳下垂体後葉まで運ばれ，そこで血液中に分泌されています。つまり，後葉から分泌されるバソプレシンは，実際には視床下部でつくられているのです。

≫ 4. フィードバックによるホルモンの調節

　血液中のホルモン量は，**フィードバック**というしくみによって調節されています。ホルモンはわずかな量でも作用するため，厳密にコントロールされる必要があるのです。では，チロキシンを例に，フィードバックについてみていきましょう。

共通テストの秘訣！

フィードバックは超頻出！
ホルモンの分泌は，一般的に，負のフィードバックによって制御されている。

　のどの近くにある**甲状腺**は，**ヨウ素**を含むホルモンである**チロキシン**を分泌します。チロキシンには，生体内の化学反応(代謝)を高めるはたらきがあるため，甲状腺を除去すると，グルコースや酸素の消費量が減少します。その結果，体重の増加などの症状が出ることがあります。

❶ 血液中のチロキシン濃度が低いとき

　血液中のチロキシンの量が減少すると，視床下部から**甲状腺刺激ホルモン放出ホルモン**が分泌されます。この放出ホルモンは脳下垂体前葉に作用し，**甲状腺刺激ホルモン**の分泌を促します。甲状腺刺激ホルモンは甲状腺に作用し，**チロキシン**の分泌を促します。こうした段階的な作用を経て，血液中のチロキシンの量は増加するのです。

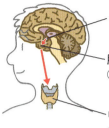

チロキシン濃度が下がったとき

視床下部
①視床下部から放出ホルモンが分泌される。

脳下垂体前葉
②放出ホルモンを受け取った脳下垂体前葉から，甲状腺刺激ホルモンが分泌される。

甲状腺
③甲状腺からチロキシンが分泌される。

❷ 血液中のチロキシン濃度が高いとき

　血液中のチロキシンの量が過剰になると，その**チロキシン自身が視床下部や脳下垂体前葉に作用**します。視床下部に対しては，甲状腺刺激ホルモン放出ホルモンが分泌されないようはたらきかけます。そして，前葉に対しては，甲状腺刺激ホルモンが分泌されないようにはたらきかけるのです。すると，チロキシンの分泌は抑えられ，血液中のチロキシン量はやがて正常に戻ります。

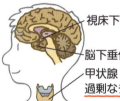

チロキシン濃度が上がったとき

視床下部 ←──①甲状腺刺激ホルモン放出ホルモンの分泌を抑制する。

脳下垂体前葉 ←──②甲状腺刺激ホルモンの分泌を抑制する。

甲状腺
過剰なチロキシン

③チロキシンの分泌が低下する。

負のフィードバック

間脳の視床下部…社長さん
脳下垂体前葉…部長さん・課長さん
甲状腺…ヒラ社員
みたいな関係だね。ヒラ社員が直接社長さんにフィードバックできるなんていい会社だね。

このように，最終的に分泌された産物が，原因となった段階にさかのぼって作用するしくみを**フィードバック**といいます。その中でも，最終産物が，原因となった段階を抑制的に制御する場合を**負のフィードバック**とよびます。

多くのホルモンは負のフィードバックによって，コントロールされています。

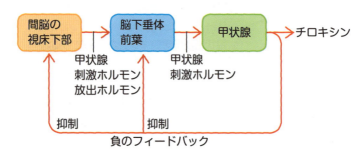

> Point!
>
> ## 内分泌系（ホルモン）のまとめ
>
> - **内分泌系**：ホルモンによって，体内環境を調節するしくみ。ホルモンは，内分泌腺から血液中に分泌され，特定の組織や器官に作用する。ホルモンによる調節は，ゆっくりと起こるが，持続的。
>
> | 自律神経系 | 内分泌系（ホルモン） |
> |---|---|
> | 素早く作用する | ゆっくりと作用する |
> | 効果は一時的 | 効果は持続的 |
> | 局所的に作用する | 全身の標的器官に作用する |
>
> - **ヒトのおもな内分泌腺**：視床下部，脳下垂体，甲状腺，すい臓のランゲルハンス島，副腎
> - **神経分泌**：脳の神経細胞がホルモンを分泌すること。ホルモンを分泌する神経細胞を神経分泌細胞という。
> - **フィードバック**：最終的に分泌された産物が，はじめの段階に作用するしくみ。このしくみによってホルモン量は調節されている。

Theme 15 内分泌系（ホルモン）　163

練習問題

体内環境の恒常性に関する次の問いに答えよ。

問　甲状腺のはたらきを調べる目的で幼時のネズミに甲状腺除去手術を
行った。手術後のネズミに関する記述として適当なものを，次の①〜⑥
のうちから二つ選べ。ただし，解答の順序は問わない。
①　成長や組織の分化が遅れた。
②　代謝が低下し，体温が下がった。
③　成長ホルモンの分泌が高まり，大きなネズミになった。
④　標的器官がなくなったため，手術直後から甲状腺刺激ホルモンの分
　泌が低下した。
⑤　負のフィードバックがなくなり，チロキシンの分泌が高まった。
⑥　タンパク質の分解が活発に行われ，やせたネズミになった。

解答　①・②（順不同）

解説

①・②正しい。代謝を促進するはたらきをもつチロキシンが分泌されな
　くなるため，幼時のネズミの成長や組織の分化は抑制されます。また，
　代謝が低下すれば，体温も下がります。
③誤り。成長ホルモンは脳下垂体前葉から分泌されるホルモンです。甲
　状腺とは関係ありません。
④誤り。チロキシンが分泌されなくなるため，負のフィードバックは起
　こらなくなります。そのため，甲状腺刺激ホルモンの分泌量は，逆に
　増えると考えられます。
⑤誤り。甲状腺がないのですから，チロキシンは分泌されません。
⑥誤り。これは，チロキシンが過剰に分泌されて，体内の代謝が過剰に
　促進された場合の現象です。

Theme 16 血糖濃度の調節

　恒常性の維持には，自律神経系と内分泌系が重要なはたらきをしています。自律神経とホルモンは，それぞれが単独ではたらく場合もありますが，両者が協調する場合も多くあります。Theme 16 では，自律神経とホルモンが協調してはたらく例として，血糖濃度を調節するしくみを学習します。

>> 1. 血糖濃度を低下させるしくみ

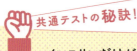

インスリンだけが血糖濃度を低下させる！

　血液中のグルコース（ブドウ糖）は**血糖**（けっとう）とよばれ，ヒトの血糖濃度（血糖値）は**約 0.1 %（100 mg/100 mL）** に保たれています。
　食後に食物を消化・吸収し，血糖濃度が上昇すると，**すい臓のランゲルハンス島の B 細胞**がこれを直接感知します。また，血糖濃度の上昇は**間脳の視床下部**の血糖濃度の調節中枢でも感知され，**副交感神経**を通じてすい臓のランゲルハンス島の B 細胞が刺激されます。これらの刺激によって，**インスリン**が分泌されます。
　インスリンは，**肝臓**や筋肉において，グルコースから**グリコーゲン**が合成される反応を促します。また，組織（筋肉や脂肪組織など）の細胞におけるグルコースの取り込みと消費（分解やグリコーゲンへの転換など）を促進します。これらの反応によって，血糖濃度は低下します。

Theme 16 血糖濃度の調節

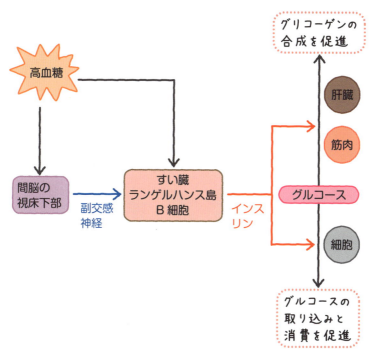

血糖濃度を低下させる作用をもつホルモンはインスリンだけだよ！

Point!

| 血糖濃度を低下させるしくみ |

- **血糖**：血液に含まれるグルコース（ブドウ糖）。ヒトの血糖濃度は **約 0.1 ％（100 mg/100 mL）** に保たれている。
- **インスリンのはたらき**
    - **肝臓**や筋肉における**グリコーゲン**の合成を促進。
    - 組織の細胞におけるグルコースの取り込みと消費を促進。
    → 血糖濃度は低下。

≫ 2. 血糖濃度を上昇させるしくみ

共通テストの秘訣!

血糖濃度を上昇させるホルモンは複数ある!
糖質コルチコイドのはたらきがグルカゴンやアドレナリンと異なる点に注意!

　激しい運動のあとや、空腹時など、血糖濃度が低下した場合、**すい臓のランゲルハンス島のA細胞**はこれを直接感知します。血糖濃度の低下は**間脳の視床下部**の血糖濃度の調節中枢でも感知され、**交感神経**を通じてすい臓のランゲルハンス島のA細胞が刺激されます。これらの刺激によって、**グルカゴン**が分泌されます。また、間脳の視床下部の血糖濃度の調節中枢からの情報は、**交感神経**を通じて**副腎髄質**にも伝わり、**アドレナリン**の分泌が促されます。グルカゴンやアドレナリンは、肝臓や筋肉に作用し、貯蔵されているグリコーゲンの分解を促進して血糖濃度を上昇させます。

　一方、間脳の視床下部は、**脳下垂体前葉**にはたらきかけて、**副腎皮質刺激ホルモン**の分泌を促します。副腎皮質刺激ホルモンは**副腎皮質**を刺激し、**糖質コルチコイド**を分泌させます。糖質コルチコイドは、**タンパク質からグルコースを合成する反応を促進**します。この反応を糖新生といい、これにより血糖濃度を上昇させます。

Point!

| 血糖濃度を上昇させるしくみ |

グルカゴン、アドレナリン
→**肝臓**や筋肉における**グリコーゲン**の分解を促進。
糖質コルチコイド
→タンパク質からのグルコースの合成を促進。

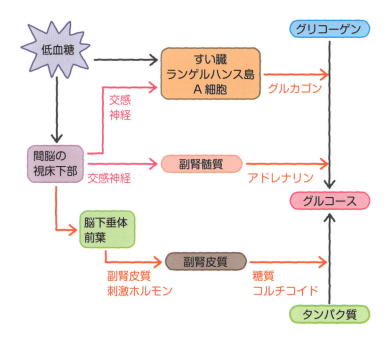

血糖濃度を上昇させる作用をもつホルモンは，おもに**グルカゴン**，**アドレナリン**，**糖質コルチコイド**の三つだよ！（成長ホルモンも血糖濃度を上昇させます）
糖質コルチコイドはタンパク質からの糖新生を促進することによって血糖濃度を上昇させるよ！

≫ 3. 低血糖症と糖尿病

共通テストの秘訣！

血糖濃度は高すぎても低すぎても問題が起こる！

❶ 低血糖症

　グルコースは、細胞がエネルギーを得るために必要な物質です。そのため、血液中のグルコース濃度（血糖濃度）が極端に低下すると、生命は危険な状態にさらされます。

　脳は、グルコースを大量に消費する臓器です。しかし、肝臓などと違って**グリコーゲンを蓄えておらず、血糖のみをエネルギー源**としています。そのため、血糖濃度が低下すると、真っ先に脳に影響が現れます。

　一般的に、血糖が 70 mg/mL 以下になると、計算力が低下したり、顔面そう白、動悸、震えなどの症状が現れ、さらに血糖濃度が低下すると昏睡状態になってしまいます。このように、低血糖が原因でさまざまな不調が生じることを、**低血糖症**といいます。

低血糖症

顔面そう白

動悸　　震え

最終的には…

昏睡状態

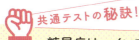

糖尿病は，インスリンの分泌低下で起こる場合と
インスリンに対する反応の低下で起こる場合がある！

❷ 糖尿病

　低血糖状態でヒトは健康を害しますが，逆に，高血糖状態が続いた場合も病気になってしまいます。**血糖濃度が高いまま，正常値に戻らなくなる病気を糖尿病**といいます。糖尿病は，血糖濃度を低下させるホルモンであるインスリンの分泌量が低下したり，標的細胞のインスリンに対する反応性が低下することが原因で起こります。

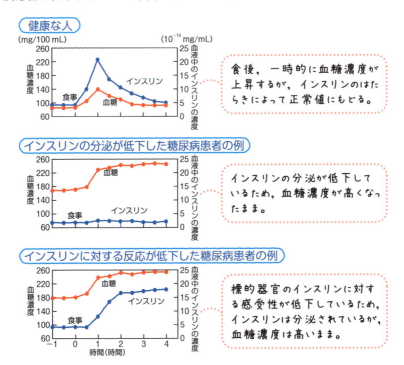

　自己の免疫によってすい臓のランゲルハンス島のB細胞が破壊され，インスリンの分泌量が低下することで起こる糖尿病を**I型糖尿病**といいます。比較的，若い年齢のうちに発症することが多い糖尿病です。

一方，自己の免疫によるすい臓のランゲルハンス島のB細胞の破壊以外の原因でインスリンの分泌が低下したり，標的細胞がインスリンに反応しにくくなることが原因で起こる糖尿病を**II型糖尿病**といいます。II型糖尿病は，加齢や遺伝のほか，糖質の多い食生活，運動不足といった生活習慣によっても起こるとされています。

　どちらの糖尿病の場合も，尿中にグルコースが排出されます。それは，原尿中のグルコース量があまりに多く，細尿管による再吸収が追いつかないからです。しかし，糖尿病が恐ろしいのは，尿にグルコースが出てしまうことではなく，血管障害が起こることで血液が正常に流れなくなり，さまざまな合併症を引き起こすからです。たとえば，糖尿病を放っておくと，失明したり，腎臓の機能が損なわれたりします。また，場合によっては手足の切断を余儀なくされることすらあるのです。

糖尿病の患者さんは，血糖濃度を低下させる治療をしなくてはならないよ。インスリン投与で血糖濃度が低下する場合と，そうでない場合があるのがわかるかな？　次のページの練習問題で確認してみよう！

練習問題

次の文章を読み，下の問い（**問 1 ～ 3**）に答えよ。

　グルコースは，私たちのからだを構成する細胞にとって重要なエネルギー源であり，血液によってすべての細胞に常に供給されている。この供給が滞ると，生命の維持に重大な問題が生じるため，私たちのからだには<u>血糖濃度（血液中のグルコース濃度）を一定に保つ血糖濃度の調節の仕組み</u>が備わっている。

　糖尿病は，この血糖濃度の調節がうまくいかなくなり，尿中にグルコースが排出される病気である。糖尿病の診断と治療方針を決めるため，空腹時に 75 g のグルコースを飲み，その前後で血糖濃度や血液中のインスリン濃度などを調べる検査がある。これを糖負荷試験という。図は，3 人の被験者（X，Y，Z）の糖負荷試験の結果を示したものである。

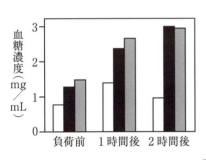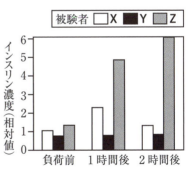

図

問 1　下線部に関して，低血糖時にはたらく調節の反応経路として最も適当なものを，次の①～④のうちから一つ選べ。
① 間脳→脳下垂体→副腎→糖質コルチコイド
② 間脳→副交感神経→すい臓→アドレナリン
③ 脊髄→交感神経→副腎→グルカゴン
④ 脊髄→副交感神経→すい臓→インスリン

172　*Chapter_3*　生物の体内環境

問2　図から，糖尿病，またはその疑いがあると診断された被験者 [　1　]，および，インスリンを注射することによって糖尿病の症状を軽減できる可能性があると診断された被験者 [　2　] として最も適当なものを，次の①～⑦のうちからそれぞれ一つずつ選べ。

①　X　　　　　②　Y　　　　　③　Z　　　　　④　X，Y

⑤　X，Z　　　⑥　Y，Z　　　⑦　X，Y，Z

問3　3人(**X・Y・Z**)の被験者の血糖濃度の調節やグルコース代謝に関する記述として最も適当なものを，次の①～⑦のうちからそれぞれ一つずつ選べ。

①　細胞活動に必要なエネルギーは細胞内に十分蓄積されており，細胞は血液中のグルコースを必要としていない。

②　すい臓からのインスリン分泌が低下して，細胞が血液中のグルコースを正常に利用できない状態にある。

③　インスリンの作用を受けるはずの細胞が，インスリンに反応できていない。

④　腎小体でつくられる原尿中にグルコースがこし出されない。

⑤　尿中にグルコースが排出されるため，腎静脈から心臓に流れる血液中にはグルコースが含まれない。

⑥　自律神経やホルモンが適切にはたらくため，食事の後に一時的に血糖濃度が上昇してもやがてもとに戻る。

⑦　肝臓や筋肉では，常にグリコーゲンの蓄積が活発に行われている。

Theme 16 血糖濃度の調節 173

解答 問1 ① 問2 1 ⑥ 2 ②

問3 X⑥ Y② Z③

解説

問1 低血糖時にはたらき，血糖濃度を上昇させる作用をもつホルモンはおもにグルカゴン，アドレナリン，糖質コルチコイドの三つです。

①正しい。

②誤り。アドレナリンは，すい臓ではなく副腎髄質から分泌されるホルモンです。また，副交感神経ではなく交感神経によって分泌が促されます。

③誤り。グルカゴンは，副腎ではなくすい臓のランゲルハンス島のA細胞から分泌されるホルモンです。

④誤り。インスリンは，高血糖時にはたらき，血糖濃度を低下させる作用をもつホルモンです。また，③，④とも，反応が脊髄からスタートしていますが，血糖濃度の調節中枢は間脳の視床下部にあります。

問2・3 被験者Xは，グルコースを飲んだ一時間後に血糖濃度の上昇がみられるものの，2時間後には低下しています。そのため，血糖濃度の調整は正常に行われているといえるでしょう。一方，被験者Yは，血糖濃度が上昇してもインスリンの濃度が低いままであり，血糖濃度は上昇し続けています。したがって，インスリンの分泌に問題がある糖尿病患者であると考えられます。また，被験者Zは，インスリンが十分量分泌されているにもかかわらず，血糖濃度は上昇し続けています。このことから，インスリンを感知する細胞のインスリンに対する反応性が低下しているタイプの糖尿病患者だと考えられます。

被験者Yは，インスリンの分泌の低下が原因で糖尿病の症状を示しているようなので，インスリンを注射すれば，症状を軽減できる可能性があります。

Theme 17 体温の調節

　自律神経とホルモンが協調してはたらく例は，血糖濃度の調節だけではありません。体温の調節も，自律神経とホルモンの協調によって行われています。Theme 17 では体温調節のしくみを学習しましょう。

≫ 1. 体温を上げるしくみ

　両生類やは虫類などの**変温動物**では，外界の温度変化にともなって体温が変化します。これに対し，哺乳類や鳥類は外界の温度の高低にかかわらず，体温はほぼ一定に保たれています。このような動物を**恒温動物**とよびます。

　哺乳類では，**間脳の視床下部が体温の調節中枢**としてはたらいています。視床下部は，皮膚や血液の温度の上昇・低下を感知し，さまざまな指令を出して体温を調節します。では，寒くて体温が低下した場合の調節方法からみていきましょう。

> 共通テストの秘訣！
> 寒冷刺激によって体温が低下した場合，熱放散量の減少と，発熱量の増加により体温を上昇させる！

　寒冷刺激による体温の低下を視床下部が感知すると，体温を上げるために，さまざまな反応が引き起こされます。その反応は大きく二つのタイプに分類することができます。一つは，体表から熱が逃げないようにする（**熱放散量の減少**）というもので，もう一つは，体内で熱を発生させる（**発熱量の増加**）というものです。

> 視床下部は血糖濃度だけじゃなくて，体温調節の中枢でもあるんだ。

❶ 熱放散量の減少

体温の低下を感知した視床下部は，**交感神経**によって**皮膚の毛細血管や立毛筋を収縮**させて熱放散量を減らそうとします。

皮膚の毛細血管が収縮すると，皮膚の血流量が減ります。すると，血液のもつ熱が外気に奪われることが避けられます。また，立毛筋が収縮すると毛が立ちあがり，断熱効果が生まれます。

また，ヒトの場合，発汗が抑制されます。

❷ 発熱量の増加

視床下部は，各種の**ホルモン分泌を促す**ことによっても，体温を上げようとします。

体温を上げる作用のあるホルモンは，おもに**チロキシン，アドレナリン，糖質コルチコイド**の三つです。これらのホルモンは，肝臓や筋肉での代謝を促進し，発熱量を増やします。また，アドレナリンと交感神経は協働し，心臓の拍動を増やして血流濃度を上昇させ，血液によって熱を全身に伝えようとします。

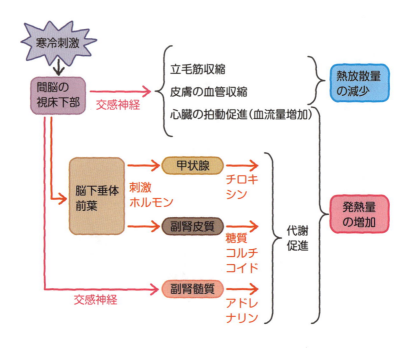

体温を上げるしくみ

交感神経による，**皮膚の毛細血管と立毛筋の収縮**
　　　　　　　　　　　　　　→**熱放散量の減少**
チロキシン，アドレナリン，糖質コルチコイドの分泌による代謝の促進→**発熱量の増加**

>> 2. 体温を下げるしくみ

体温の上昇を視床下部が感知すると，体温が低下したときと逆の反応が起こります。

●発熱量の減少

チロキシン，アドレナリン，糖質コルチコイドの分泌が抑えられ，肝臓や筋肉での発熱量が減少します。また，心拍数も低下します。

●熱放散量の増加

汗腺が刺激され，発汗が促進されます。汗が蒸発するときに熱が奪われます。また，皮膚の血管は拡張し，立毛筋は弛緩します。

練習問題

次の文章を読み，下の問い（**問1・2**）に答えよ。

ヒトの組織・器官は，異なる機能をもつように分化した多数の細胞でできており，個体の生存に必要な役割を分担している。ア内分泌系や自律神経系は，組織・器官を構成する各細胞のはたらきを統一的に調節する系である。イ体温や血糖濃度などが一定の範囲内に維持されているのも，これらの系がさまざまな組織・器官のはたらきを適正に調節しているためである。

178 *Chapter_3* 生物の体内環境

問1 下線部**ア**に関する記述として最も適当なものを，次の①〜④のうちから一つ選べ。

① 成長ホルモンは脳下垂体前葉で，バソプレシンは脳下垂体後葉でつくられ，血液中に分泌される。

② 血液中のチロキシン濃度が上昇すると，血液中の甲状腺刺激ホルモン濃度が減少する。

③ 内分泌腺からのホルモン分泌は間脳の視床下部により制御されており，内分泌腺が自律的にホルモンを分泌することはない。

④ 自律神経系と内分泌系は独立した調節系であり，自律神経系がホルモンの分泌を調節することはない。

問2 下線部**イ**に関する記述として**誤っているもの**を，次の①〜⑧のうちから二つ選べ。ただし，解答の順序は問わない。

① 体温調節と血糖濃度の調節の中枢は，いずれも間脳にある。

② 体表の血管は，交感神経のはたらきにより収縮し，副交感神経のはたらきにより拡張する。

③ 肝臓や筋肉での代謝を高めるホルモンには，アドレナリン，チロキシン，糖質コルチコイドなどがある。

④ 外界温度が低くなると，交感神経のはたらきにより毛が逆立つ。

⑤ 肝臓は，必要に応じて血中にグルコースを放出する。

⑥ インスリンの分泌量が適正であっても，血糖濃度が正常な値に調節されない場合がある。

⑦ インスリンは，細胞でのグルコースの吸収と分解を促進する。

⑧ 骨格筋の筋細胞以外の細胞には，グルカゴンの受容体が存在しない。

解答 問1 ②　　問2 ②・⑧

解説

問1　①誤り。バソプレシンは，下垂体後葉から分泌されますが，合成しているのは視床下部の神経分泌細胞です。

②正しい。血液中のチロキシン濃度が上昇すると，負のフィードバックによって甲状腺刺激ホルモンの分泌は抑制されます。

③誤り。たとえば，すい臓のランゲルハンス島は，視床下部からの刺激がなくても，血糖濃度の変化に応じてグルカゴンやインスリンを分泌します。

④誤り。たとえば，すい臓のランゲルハンス島のA細胞や副腎髄質からは，交感神経の刺激によってそれぞれグルカゴンやアドレナリンが分泌されます。また，自律神経系と内分泌系は協調してはたらくこともあります。

問2　①正しい。

②誤り。体表の血管は，交感神経のはたらきによって収縮するので前半は正しい記述です。しかし，副交感神経は体表の血管に分布していないので，後半は誤りです。

③正しい。これらのホルモンのはたらきによって，体温は上がります。

④正しい。外界温度が低くなると，交感神経のはたらきにより立毛筋が収縮して毛が逆立ちます。

⑤正しい。血糖濃度が低下すると，肝臓はグリコーゲンを分解してグルコースを放出します。

⑥正しい。標的細胞がインスリンに対して反応しにくくなっている場合は，どんなにインスリンが分泌されても血糖濃度は下がりません。

⑦正しい。

⑧誤り。グルカゴンは，肝臓にも作用してグリコーゲンの分解を促します。したがって，肝臓にもグルカゴンの受容体があります。

Theme 15〜16もチェックしておこう！

Theme 18
体液濃度の調節

生物には，体内の塩類濃度や水分の量などを，一定の範囲内に保つしくみが備わっています。Theme 18 では，さまざまな生物を例にとり，そのしくみについて学びます。

≫ 1. 哺乳類における体液濃度・体液量の調節

腎臓は老廃物の排出だけでなく，体液濃度の調節も行う！

ヒトなどの哺乳類の場合，体液に含まれる塩類・栄養分などの濃度や体液の量は，ホルモンによって腎臓が調節を受けることで，一定に保たれています。

❶ 体液濃度の調節

たとえば，発汗などによって水分が失われたり，塩分の摂取によって，体液の濃度が上昇したとします。すると，体液の濃度の上昇を視床下部が感知し，脳下垂体後葉からの**バソプレシン**の分泌が促進されます。バソプレシンは腎臓の**集合管**にはたらきかけ，**集合管から毛細血管へ水が再吸収**されるよう促します。再吸収された水によって血液は薄められ，結果的に体液の濃度は低下します。

逆に，多量の水を飲むなどして体液の濃度が低下すると，脳下垂体後葉からのバソプレシンの分泌が抑えられ，結果的に体液濃度は上昇します。

バソプレシンは，**抗利尿ホルモン**ともいうよ。つまり，水の再吸収を促すことで，尿の量を抑えるホルモンというわけだね。

Theme 18 体液濃度の調節 181

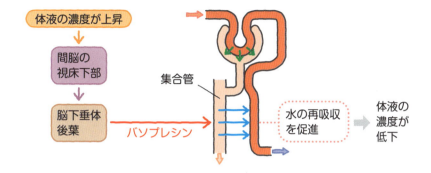

❷ 体液量の調節（体液量が減少した場合）

体液量が減少すると，バソプレシンの分泌がさかんになります。また，副腎皮質からの**鉱質コルチコイド**の分泌が促進されます。鉱質コルチコイドは腎臓の**細尿管**にはたらきかけ，**細尿管でのナトリウムイオンの再吸収**を促します。血液中のナトリウムイオンの濃度が上昇するということは，体液の濃度が上昇するということですから，バソプレシンの分泌はさらに促されることになり，体液量が増加します。

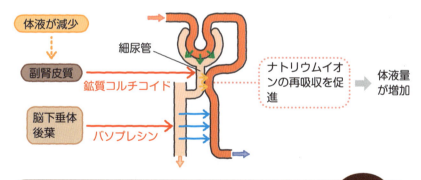

Point!

| 体液量が減少した場合 |

・**バソプレシン**の分泌促進
→**集合管**での水の再吸収促進→体液量が増加
・**鉱質コルチコイド**の分泌促進→細尿管での塩分（ナトリウムイオン）の再吸収促進→体液の塩類濃度が上昇→水の再吸収により体液量は増加

≫ 2. 単細胞生物の体液濃度の調節

水は溶液の濃度の低い方から高い方へ移動する！

体液の濃度を調節するしくみは、単細胞生物にもあります。

たとえば、ゾウリムシは、川や湖などの淡水中に生息しています。細胞の中には、生命活動に必要な塩類や栄養分やタンパク質などが含まれているため、淡水よりも濃度が高くなっています。**濃度の異なる溶液が細胞膜を隔てて接する場合、水は濃度の低い方から高い方へと移動します**。そのため、ゾウリムシの中には外から水がどんどん浸入し、体液の濃度が低下してしまいます。浸入した水を汲み出すために、ゾウリムシには収縮胞という細胞小器官があります。ゾウリムシは**収縮胞**を使って水を排出し、細胞内液の濃度を一定に保っています。

> **補足**
> ナメクジに塩をかけると、体から水分が出てしぼんでしまいます。これは、体外の塩類濃度の方が、体内の塩類濃度よりも高くなったからです。

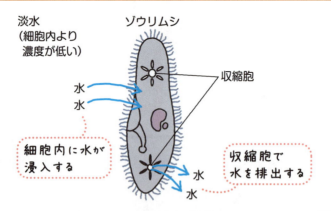

ゾウリムシは収縮胞から水を排出することで、体液の濃度を調節しているんだ。

》3. 硬骨魚類の体液濃度の調節

共通テストの秘訣!
えら・腸・腎臓のはたらきに注目!

　ヒトの場合，体液濃度を調節する器官は腎臓でした。硬骨魚類では，えら，腸，腎臓の三つの器官がはたらくことで，体液濃度は一定に保たれています。しかし，海水生か淡水生かで，そのしくみは異なります。

> **補足**
> 硬骨魚類…硬い骨をもつ魚類。サメやエイなどの軟骨魚類を除くほとんどの魚。

❶ 海水生硬骨魚類
　海水生硬骨魚類の体液濃度は海水よりも低いため，**体内から水分が流出**します。水分が減少すると体液の濃度が高くなるため，失われた水分を補うために海水を飲みます。水分は**腸**から吸収されますが，同時に塩分も取り込むことになり，体内の塩分濃度が高くなってしまいます。海水生硬骨魚類は過剰な塩分を**えら**の**塩類細胞**から積極的に排出し，体液濃度を適正な範囲に保ちます。

　また，体内から失われる水分量を最小限に抑えるため，少量の尿しかつくられず，海水生硬骨魚類は，体液と等濃度の尿を少量だけ排出します。

海水生硬骨魚類	体液濃度＜海水
体内の水分が失われる／海水を飲む／塩分を排出／体液と等濃度の少量の尿	体内の水分が失われる。
	海水を飲んで腸から水分を吸収。
	体液と等濃度の尿を少量排出。
	過剰な塩分をえらから積極的に排出。

まずは,水分の移動する方向をおさえよう!
海水魚は体内から水分が失われるので,不足する水を,海水を飲んで補うよ。

❷ 淡水生硬骨魚類

　淡水生硬骨魚類の体液濃度は淡水よりも高いため,**体内に水が浸入します**。したがって,体液濃度が低下しやすく,塩分が不足しがちです。体内に浸入した水を排出するために,腎臓では多量の尿がつくられますが,塩分の流出を防ぐため,尿の濃度は体液よりも薄いものになります。

　不足しがちな塩分を補うために,淡水生硬骨魚類はえらの**塩類細胞**から塩分を積極的に吸収します。

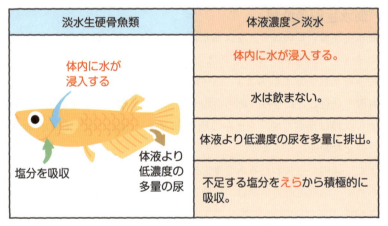

淡水生硬骨魚類	体液濃度＞淡水
体内に水が浸入する 塩分を吸収 体液より低濃度の多量の尿	体内に水が浸入する。
	水は飲まない。
	体液より低濃度の尿を多量に排出。
	不足する塩分をえらから積極的に吸収。

淡水魚は体内に水が浸入するので,濃度のうすい尿を多量につくって過剰な水分を排出するよ。

≫ 4. さまざまな動物の体液濃度

単細胞生物であるゾウリムシは、細胞内液の濃度を調節するしくみをもっていましたね。しかし、単細胞生物よりも複雑なからだのつくりをもつ多細胞生物であっても、体液濃度を調節するしくみが発達していない生物もいます。そのような生物としては、エビ、カニ、タコなどの海水生の無脊椎動物が挙げられます。これらの生物の体液濃度は、海水とほぼ同じです。

一方、軟骨魚類であるサメやエイは、尿素を体内に蓄えることにより、体液濃度を高く保っています。そのため、サメやエイは海水生の魚類にもかかわらず、体内から水分が流出することがありません。

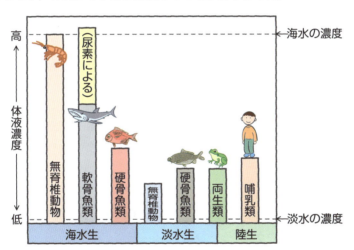

海水生の無脊椎動物は、体液濃度を調節するしくみが発達していない。だから、体液濃度が、外界である海水の濃度とほぼ等しくなっているよ！

186 *Chapter_3* 　生物の体内環境

練習問題

次の文章を読み，下の問い(**問1・2**)に答えよ。

哺乳類では，おもに腎臓が体液濃度の調節を行っている。腎臓では，(a)
を通る血液がろ過されてボーマンのうへ出ていき，原尿がつくられる。原
尿は腎細管(細尿管)へ送られ，水，塩類等が再吸収され，残りの成分が尿
として体外へ出ていく。腎臓のはたらきはホルモンによって調節されてい
る。例えば，脳下垂体(b)から分泌されるバソプレシンは腎臓に作用し，
体液中の水を(c)はたらきを示す。したがって，ネズミで脳下垂体を除去
すると，尿の量は(d)する。脳下垂体以外で，体液の塩類濃度の調節にか
かわるホルモンを分泌する内分泌腺として(e)がある。

問1　上の文章中の(a)・(b)・(e)に入る最も適当な語を，次の①〜⑩の
うちからそれぞれ一つずつ選べ。
① 腎　う　　　　② 体　腔　　　③ 星状体　　　④ 糸球体
⑤ 前　葉　　　　⑥ 中　葉　　　⑦ 後　葉　　　⑧ 甲状腺
⑨ 副腎髄質　　　⑩ 副腎皮質

問2　上の文章中の(c)・(d)に入る語句の組合せとして最も適当なもの
を，次の①〜④のうちから一つ選べ。

	(c)	(d)		(c)	(d)
①	保持する	増　加	②	体外に出す	増　加
③	体外に出す	減　少	④	保持する	減　少

Theme 18 体液濃度の調節 **187**

解答 問1 (a) ④ (b) ⑦ (e) ⑩

問2 ①

解説

問1 血液は糸球体でろ過され，ボーマンのうに出ていきます。糸球体は毛細血管が集まってできている部分を指し，糸球体をつつむ部分をボーマンのうといいます。

バソプレシンは，脳下垂体後葉から分泌されます。また，副腎皮質から分泌される鉱質コルチコイドは，腎臓の腎細管でのナトリウムイオンの再吸収を促進することで，体液の量や塩類濃度を調節します。

問2 バソプレシンは集合管での水の再吸収を促進するホルモンです。バソプレシンのはたらきにより，体内に水分が保持されるため，尿量は減少します。脳下垂体を除去すると，バソプレシンが分泌されないため，水の再吸収が起こらず，尿量は増加することになります。

免疫

病原体などの異物が体内に侵入したりすると，体内環境の恒常性に異常が生じることがあります。Theme 19 では，免疫による生体防御のしくみを学習します。

≫ 1. 生体防御のしくみ

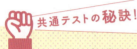

ヒトのからだは三つの防御機構によって守られている。

私たちのからだは，三つの**防御機構**によって，病原体などの異物から守られています。

体内に異物が侵入しようとすると，第1段階として，**物理的・化学的防御**のシステムがはたらきます。これには，**皮膚**や**粘膜**が重要な役割を果たします。この防御が破られ，異物が体内に侵入すると，第2段階として**自然免疫**がはたらきます。自然免疫では，**食細胞**が異物を排除してくれます。これは，生まれつきからだにそなわっている免疫反応です。

自然免疫で対応しきれなかった場合は，第3段階である**適応免疫**（**獲得免疫**）がはたらきます。これは自然免疫とは異なり，生後さまざまな異物と接することで獲得される免疫反応です。適応免疫では，リンパ球が活躍し，異物を排除します。

体内環境は，このように三重のしくみによって厳重に守られています。

> **補足**
> 物理的・化学的防御を自然免疫に含めるという考え方もあります。

≫ 2. 物理的・化学的防御

共通テストの**秘訣**！

物理的・化学的防御によって異物が体内に侵入するのを防いでいる！

ヒトの皮膚や消化管などは外界と接しているため、異物が侵入する脅威に絶えずさらされています。しかし、私たちのからだは、物理的・化学的防御によって、細菌やウイルスなどの侵入から守られています。

❶ 物理的防御

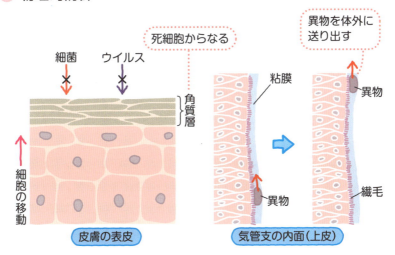

皮膚の表皮の基底層での細胞分裂によってできた細胞は、皮膚の表層に向かって押し出されていくんだ。

皮膚や消化管・気管の上皮は、隙間なく並んだ細胞の層に覆われており、それだけでも異物の侵入に対する障壁となりえます。皮膚の場合、その表面には**角質層**が形成されており、特にウイルスに対する強力なバリアとして機能します。ウイルスは生きた細胞にしか感染できませんが、角質層

は死細胞で作られているため，ウイルスは感染することができないのです。また，からだの内側から絶えず新しい細胞を再生して，一番外側の死細胞を垢として捨て去ることで，外部からの細菌やウイルスの侵入を防いでいます。

　鼻や口，気管などの表面には**粘膜**があります。粘膜を構成する細胞は，**粘液**を分泌して表面を覆うことで，異物が細胞に付着するのを防いでいます。また，細胞膜上にある**繊毛**が小刻みに動くことで粘液に流れが生じ，異物を排出しやすくするというしくみも備えています。

　以上のような生体防御のしくみを**物理的防御**といいます。

❷ 化学的防御

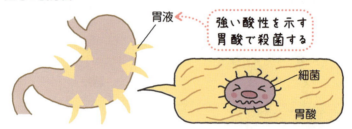

　皮膚の皮脂腺・汗腺などから出る分泌物や，**粘膜**から分泌される**粘液**には，**からだの表面を弱酸性に保つ**はたらきがあります。また，胃液は強い酸性を示します。一般的に，細菌は酸性の環境下では増殖が抑えられるので，これによって体表での細菌の繁殖を防ぐことができます。また，このような分泌物や粘液には，細菌の細胞壁を分解する作用をもつ**リゾチーム**という酵素が含まれており，細菌の細胞壁を破壊します。以上のような生体防御のしくみを**化学的防御**といいます。

そもそも，病原体を体内に侵入させないことが大切だよね。そのはたらきをしているのが物理的・化学的防御なんだよ。

Point!

| 物理的・化学的防御のまとめ |

- **生体防御**：**物理的・化学的防御**，**自然免疫**，**適応免疫（獲得免疫）**という三重のしくみによって，体内環境が守られている。
- **物理的防御**：**皮膚**の**角質層**，鼻や口・消化管・気管などの**粘膜**から分泌される**粘液**，細胞膜上に存在する**繊毛**の運動などによって，異物の侵入を防ぐ。
- **化学的防御**：分泌物や**粘液**などによって，体表面が**弱酸性**に保たれ，細菌の繁殖を防ぐ。また，**リゾチーム**によって，細菌の細胞壁を破壊する。

>> 3. 免疫
① 免疫を担う器官と細胞

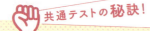
免疫に関与する細胞は，骨髄の造血幹細胞からつくられる！

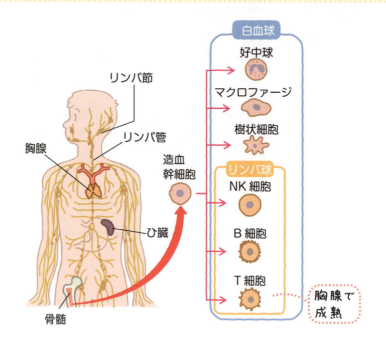

　免疫に関係する器官には，**胸腺**，**ひ臓**，**リンパ節**，**リンパ管**などがあります。これらの器官には，免疫に関係する細胞(**免疫細胞**)が集まっています。

　免疫に関係する細胞とは，白血球のことです。白血球には，**食細胞**や**リンパ球**があります。食細胞には，**好中球**(顆粒白血球の一種)，**マクロファージ**，**樹状細胞**などがあり，リンパ球には，**ナチュラルキラー細胞(NK細胞)**，**T細胞**，**B細胞**などがあります。

　白血球は他の血球と同じように，**骨髄**にある**造血幹細胞**からつくられます。T細胞は，骨髄でつくられたのち，**胸腺**に移動してそこで成熟します。

❷ 自然免疫

 共通テストの秘訣！

自然免疫は，第2の防御機構。
おもに食細胞が活躍する免疫反応である！

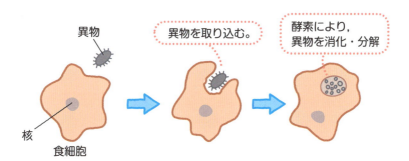

第2の防御機構である自然免疫では，食細胞が**食作用**によって異物を取り込み，酵素によって異物を分解するよ。

　物理的・化学的防御をすり抜けた異物は，体内に侵入します。侵入してしまった異物に対しては，第2段階の防御機構である**自然免疫**がはたらきます。自然免疫では食細胞が活躍します。食細胞には，**好中球**や**マクロファージ**，**樹状細胞**などがあります。これらの細胞は，異物を細胞内に取り込み，酵素によって消化・分解して排除します。これを**食作用**といいます。自然免疫は，異物を排除するための基本的な反応で，ほとんどすべての動物にみられます。

　それでは，自然免疫を担う細胞の特徴やはたらきについて，少しくわしく見てみましょう。

●好中球
　好中球は，白血球の中ではもっとも数が多い細胞です。好中球はさまざまな異物を食作用によって取り込んで分解し，そのまま異物とともに死んでしまいます。また，寿命が比較的短いという特徴があります。

194 *Chapter_3* 生物の体内環境

●マクロファージ

　マクロファージは，単球という白血球が分化した細胞です。血液中に含まれる単球が，異物による感染を起こした組織内に入り込み，そこでマクロファージへと分化します。そして，食作用により異物を除去します。

●樹状細胞

　樹状細胞も，好中球やマクロファージと同様，食作用によって異物を除去する白血球です。しかし，樹状細胞にはとても重要なはたらきがあります。それは，**食作用によって取り込んだ異物を分解し，その異物の情報をリンパ球に伝える**というはたらきで，このはたらきを抗原提示とよびます。樹状細胞は，この**抗原提示を主要な役割とする**，特別な食細胞です。抗原提示については，適応免疫でまた学習します。

> 補足
> マクロファージにも抗原提示をするはたらきがあります。

●ナチュラルキラー細胞（NK 細胞）

　ナチュラルキラー細胞（NK 細胞）は，食細胞ではなくリンパ球の一種です。ウイルスに感染した細胞やがん細胞などの異常な細胞を攻撃して排除します。

発熱や炎症は，自然免疫がはたらいている証拠！

　マクロファージは，他の免疫細胞に作用して，免疫細胞を感染部位周辺に引き寄せたり，発熱や炎症といった反応を起こしたりします。

　発熱によって体温が高くなると，細菌やウイルスの増殖が抑えられるとともに，免疫細胞の活性が高くなります。また，炎症が起きることで，毛細血管の細胞間のつながりが弱まります。すると血管が拡張して血流量が増え，白血球が感染した組織へと移動しやすくなります。

　炎症によって，異物が侵入した部位は赤く腫れた状態になりますが，それは自然免疫がさかんにはたらいていることを示しているのです。

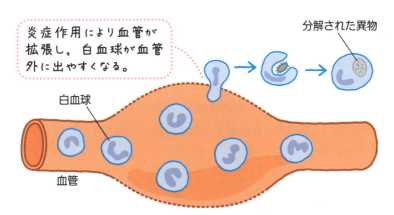

血管が拡張し，血管の透過性が高まることで白血球が傷ついた組織に移動しやすくなるんだよ。

❸ 適応免疫（獲得免疫）

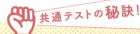

適応免疫（獲得免疫）は第3の防御機構。
T細胞とB細胞が活躍する免疫反応である!

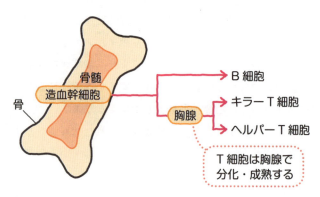

自然免疫で排除しきれなかった異物に対しては，第3段階の防御機構である**適応免疫（獲得免疫）**がはたらきます。適応免疫は**体液性免疫**と**細胞性免疫**に分けられます。

一度でも体内に侵入した異物の情報は，特別な細胞によって記憶されます。そのため，次に同じ異物が侵入してくると，いち早く反応し，**その異物だけを見つけ出して排除**しようとするしくみがはたらくのです。つまり適応免疫とは，記憶された異物の情報をもとに，**特定の異物に対して起こる免疫反応**なのです。

適応免疫で重要なはたらきをする細胞は，**T細胞**と**B細胞**という2種類のリンパ球です。T細胞とB細胞は，ともに骨髄でつくられますが，B細胞はそのまま骨髄で成熟するのに対し，T細胞は**胸腺**に移動して成熟します。

> **補足**
> B細胞のBは，Bone Marrow（骨髄），T細胞のTはThymus（胸腺）のそれぞれ頭文字をとっている。

≫ 4. 体液性免疫

共通テストの**秘訣**！

体液性免疫では，抗体のはたらきによって異物が排除される！

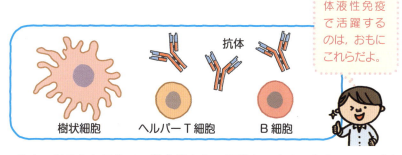

体液性免疫で活躍するのは，おもにこれらだよ。

体内に侵入した異物は，**非自己**として認識されます。非自己とは，「自分のからだの一部ではない」ということです。非自己として認識され，免疫反応を起こさせるような異物を**抗原**といいます。

リンパ球の**B細胞**は，**抗原と特異的に結合するタンパク質(抗体)**をつくり，体液中に分泌します。抗体は**免疫グロブリン**というタンパク質です。抗体は抗原と結合し，**抗原抗体複合体**を形成します。この反応を**抗原抗体反応**といいます。抗体と結合した抗原は無毒化されたり，食細胞による食作用をうけやすくなったりして，体内から排除されます。

このような，体液中に分泌された**抗体のはたらきによって抗原を排除**する獲得免疫を，**体液性免疫**といいます。

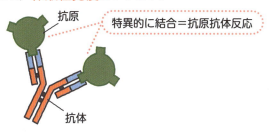

> **共通テストの秘訣！**
> B細胞は，ヘルパーT細胞によって活性化されて形質細胞（抗体産生細胞）になる！

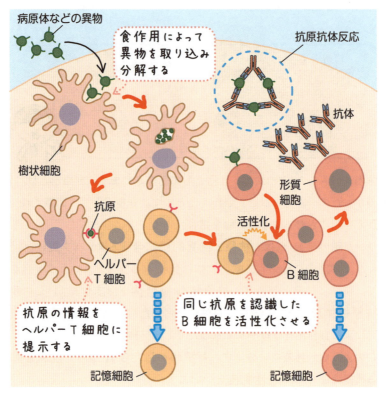

ヘルパーT細胞は免疫系の指令塔だよ。

それでは、体液性免疫の流れをみていきましょう。体内に抗原が侵入すると、**おもに樹状細胞が食作用によって抗原を取り込みます**。取り込まれて消化・分解された抗原は、細胞表面に提示されます。これを**抗原提示**といいます。これにより、「このような異物を取り込みました」という情報が、T細胞に伝わります。この時に情報を受け取るT細胞を、**ヘルパーT細胞**といいます。

抗原提示によって情報を得たヘルパーT細胞は、活性化して増殖します。また、ヘルパーT細胞は、同じ抗原を直接認識するはたらきをもつ**B細胞を活性化**します。活性化されたB細胞は、分裂して増殖した後、**形質細胞**（**抗体産生細胞**）へと分化し、多量の抗体を産生して体液中に放出します。抗体は抗原と特異的に結合して抗原抗体複合体をつくり、抗原抗体複合体はマクロファージなどの食作用によって排除されます。

活性化されたヘルパーT細胞やB細胞の一部は、抗原の情報を記憶した**記憶細胞**（**免疫記憶細胞**）として体内に残ります。

範囲外だけど、もっと詳しく知りたい人へ

免疫グロブリンの構造

抗体は、免疫グロブリンというタンパク質でできていて、2本の**H鎖**と2本の**L鎖**がつながった構造をしています。H鎖とL鎖の先端が抗原との結合部位です。この部位は抗体ごとに立体構造が異なっており、**可変部**といいます。可変部以外の部分は、抗体の種類が異なってもほぼ一定の構造をしているので、**定常部**（**不変部**）といいます。

利根川進は、可変部に多様性が生じるしくみ（**遺伝子の再編成**）を明らかにして、1987年にノーベル生理学・医学賞を受賞しました。

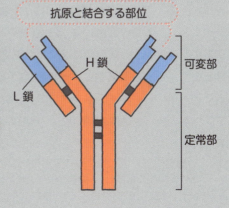

>> 5. 細胞性免疫

細胞性免疫には，抗体は関与しない！

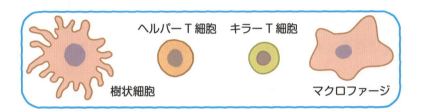

細胞性免疫にかかわるのは，おもにこれらの細胞。抗体はかかわらないよ。T細胞の活躍に注目！

　適応免疫には，体液性免疫のほかに，**細胞性免疫**という反応があります。細胞性免疫は，**抗体の関与なしに抗原が排除**される免疫反応です。
　細胞性免疫では，**キラーT細胞**が抗原を直接攻撃して排除します。細胞性免疫は，臓器や皮膚などの移植片に対してみられる**拒絶反応**や**ツベルクリン反応**，がん細胞の排除などにかかわっています。
　ウイルスやある種の細菌には，細胞に感染し，細胞内で増殖する性質があります。そのような病原体に感染した細胞も，細胞性免疫による攻撃の対象となり，キラーT細胞によって**細胞ごと排除**されます。
　また，**ヘルパーT細胞**はマクロファージを活性化して食作用を増強します。ヘルパーT細胞は，キラーT細胞の活性化にも関与する場合があります。

> 補足
> ツベルクリン反応とは，結核菌に対して免疫記憶があるかどうかを調べる検査です。

Theme 19 免疫 201

共通テストの秘訣! キラーT細胞は, 抗原やウイルス感染細胞を直接攻撃する!

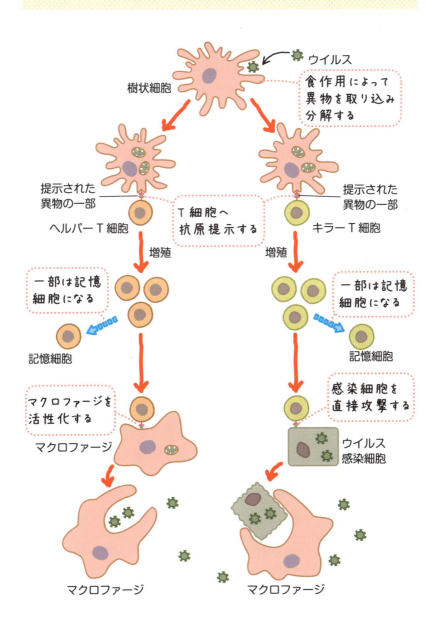

> キラーＴ細胞とヘルパーＴ細胞が抗原提示を受けるんだね!

　細胞性免疫も，樹状細胞やマクロファージなどの食細胞が，取り込んだ抗原を提示するところからスタートします。提示された抗原の情報は，**キラーＴ細胞**や**ヘルパーＴ細胞**へと伝えられ（**抗原提示**），情報を受け取ったキラーＴ細胞やヘルパーＴ細胞は活性化して増殖します（キラーＴ細胞の活性化には，樹状細胞などから情報を受け取るだけでなく，ヘルパーＴ細胞からのはたらきかけを必要とする場合もあります）。活性化したキラーＴ細胞は，分裂して増殖したのち，病原体に感染した細胞やがん細胞などを，直接攻撃して排除します。また，活性化したヘルパーＴ細胞はマクロファージを活性化し，活性化されたマクロファージは食作用によりどんどん抗原を排除するようになります。

　活性化したキラーＴ細胞やヘルパーＴ細胞の一部は，抗原の情報を記憶した**記憶細胞**として体内に残ります。

Point!

適応免疫（獲得免疫）のまとめ

体液性免疫の流れ
抗原の侵入→樹状細胞による取り込み→抗原提示→ヘルパーＴ細胞の活性化→Ｂ細胞の活性化→Ｂ細胞が形質細胞（抗体産生細胞）に分化→抗体産生→抗原の排除

細胞性免疫の流れ
抗原の侵入→樹状細胞による取り込み→抗原提示→キラーＴ細胞やヘルパーＴ細胞の活性化→感染細胞などへの直接攻撃

≫ 6. 二次応答

共通テストの秘訣！
一度かかった病気にかかりにくいのは、記憶細胞によって抗原の情報が記憶されているから。

　適応免疫では、抗原に特異的に応答するT細胞やB細胞が活性化し、増殖します。そして、その一部は**記憶細胞**となって体内に残ります。

　同じ抗原が体内に再び侵入すると、記憶細胞が反応して免疫反応が起こります。記憶細胞となったT細胞やB細胞は、抗原に対して反応しやすい状態になっています。そのため、1回目の免疫応答よりも速やかに強い反応が起きるのです。この現象を**免疫記憶**といいます。この2回目以降の速やかで強い免疫応答は**二次応答**といいます。**二次応答は、体液性免疫でも細胞性免疫でも成立**します。一度かかった病気にかかりにくくなるのは、このしくみのおかげです。

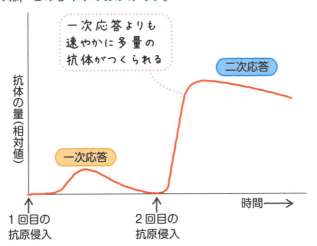

初めて侵入した抗原に対して起こる反応は、**一次応答**というよ。

≫ 7. 免疫と医療

共通テストの秘訣！

免疫のしくみは病気の予防や治療に応用されている。

　免疫のしくみに関する理解が深まったおかげで、さまざまな病気の治療や予防に免疫を応用することが可能となりました。

❶ 予防接種
　一度かかった感染症にかかりにくくなるのは、二次応答が起こるためでしたね。この二次応答を利用して、感染症を予防するのが**予防接種**です。
　予防接種では、毒性を弱めたり、無毒化した抗原を人為的に接種します。そうすることで、あらかじめ体内に記憶細胞をつくらせておき、感染に備えるのです。このときに用いられる、毒性を弱めたり、無毒化した抗原を**ワクチン**といいます。

❷ 血清療法
　抗体を含む血清（**抗血清**）を投与することで行われる治療法を、**血清療法**といいます。抗血清は、ウマやウサギなどの動物に抗原を接種して抗体をつくらせたのち、その血液を回収することで得られます。
　血清療法は、毒ヘビにかまれた場合や、破傷風菌に侵された場合など、急を要する患者の治療に使われます。

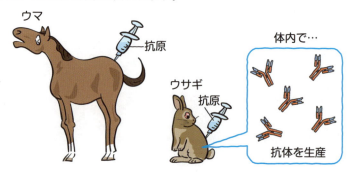

≫ 8. 免疫と病気

　免疫は，私たちの体内環境を維持するために必要不可欠なものです。したがって，免疫力が低下すると身体に支障をきたしてしまいます。一方，過敏な免疫反応によって起こる疾患もあります。

❶ エイズ（AIDS，後天性免疫不全症候群）

共通テストの秘訣！

> エイズは，HIV（ヒト免疫不全ウイルス）がヘルパーT細胞に感染・破壊することで発症する！

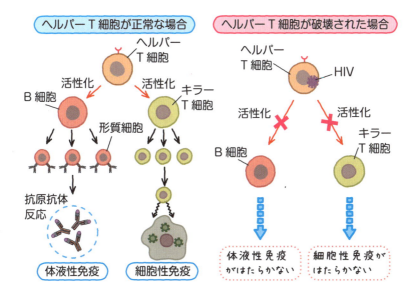

> HIVによってヘルパーT細胞を破壊されると，**体液性免疫**も，**細胞性免疫**も，正常にはたらかなくなってしまうね。

HIV（ヒト免疫不全ウイルス）に感染すると，免疫機能が損なわれます。そのため，健康なヒトならかからないような病原性の低い病原体に感染したり（日和見感染），ガンを発症する可能性が高まるなどの危険性があります。HIV感染によって免疫の異常が引き起こされる状態を，**エイズ**（**AIDS，後天性免疫不全症候群**）といいます。

HIVはヘルパーT細胞に感染するウイルスです。HIVはヘルパーT細胞内で増殖し，やがて細胞を破壊して細胞外に出ていきます。すると，ほかのヘルパーT細胞にも感染が広がってしまいます。適応免疫の中心的役割を果たすヘルパーT細胞が破壊されると，B細胞やキラーT細胞が活性化されず，体液性免疫と細胞性免疫の両方が機能しなくなります。

② アレルギー

通常は無害であるはずの抗原に対し，**過敏な免疫反応が起こる**ことがあります。外界からの異物に対して過敏な反応が起き，からだに不都合な症状があらわれることを**アレルギー**といい，アレルギーの原因となる抗原を**アレルゲン**といいます。スギやブタクサなどの花粉が抗原となって引き起こされる**花粉症**も，アレルギーの一種であり，過敏な抗原抗体反応によって引き起こされます。アレルギーは，場合によっては，全身に及ぶ激しい症状を引き起こし，血圧や意識の低下を招くことがあります。このような強い症状を**アナフィラキシーショック**といいます。

③ 自己免疫疾患（自己免疫病）

免疫系は，自己のからだを攻撃しないようにつくられています。このしくみを**免疫寛容**といいます。しかし，まれに自己の臓器に対してキラーT細胞が反応してしまったり，自己の細胞内の物質が異物とみなされてしまうことなどがあります。このような異常によって起こる病気を**自己免疫疾患**（**自己免疫病**）といいます。

自己免疫疾患には，自分自身の関節の組織を抗原として認識してしまう**関節リウマチ**や，全身の筋力が低下する重症筋無力症，ランゲルハンス島のB細胞が標的となるⅠ型糖尿病などがあります。⇒p.169もチェック！

練習問題

生体防御に関する下の問いに答えよ。

問 生体防御に関する記述として**誤っているもの**を，次の①〜⑦のうちから二つ選べ。ただし，解答の順序は問わない。

① アレルギーは免疫反応の低下によって引き起こされる。

② 臓器移植の際に起こる拒絶反応は，免疫反応の一つである。

③ 子どものころに，はしかにかかると，その後ほとんどかからない。

④ 赤血球は，体内に入った異物と結合する物質をつくり出す。

⑤ 血清療法では，毒素などをヒト以外の動物に注射して得られた抗体を治療に用いる。

⑥ 感染症の予防に用いるワクチンは，毒性を弱めた病原体や死んだ病原体などである。

⑦ 花粉症は，花粉によって引き起こされる過敏な抗原抗体反応である。

208　*Chapter_3*　生物の体内環境

解答　①・④（順不同）

解説

①誤り。アレルギーは，異物に対する免疫反応が過敏に起こることによって生じます。

②正しい。臓器移植の際に起こる拒絶反応は，細胞性免疫による反応です。

③正しい。一度はしかにかかると，抗原に対する記憶細胞がつくられ，二度目以降の感染では二次応答が起こります。そのため，はしかにかかりにくくなります。

④誤り。「体内に入った異物と結合する物質」とは抗体のことを指します。抗体を分泌する形質細胞は，リンパ球のB細胞から分化した細胞です。

⑤正しい。血清療法では，他の動物に抗体をつくらせ，その抗体を含む抗血清を治療に用います。

⑥正しい。予防接種で用いられる弱毒化または無毒化した抗原をワクチンといいます。

⑦正しい。花粉症はアレルギーの一種で，花粉によって引き起こされる過敏な抗原抗体反応が原因です。

Chapter 4

植生の多様性と分布

Theme 20 環境と植生

≫ 1. さまざまな植生

　地球上には，一年を通して暑くて雨の多い地域や，冬場になると雪ばかり降る地域など，さまざまな環境があります。しかし，ほとんどの地域には植物が生息していて，特徴のある植生を構成しています。Theme 20 では，多様な植生について学ぶとともに，光合成速度について学習します。

　植生は相観によって森林・草原・荒原の三つに分けられる。

❶ 植生とその成り立ち

　ふつう，ひとつの地域の中にはさまざまな植物が生育しています。ある地域に生息する植物全体をまとめて**植生**といいます。**植生は，その地域の気候，特に気温と降水量によって決まります**。そのため，気候の異なる地域では，それぞれの気候に応じて，異なった植生が成立します。植生を外からみた様子を**相観**といいます。地球上にはさまざまな植生が存在

しますが，相観によって**森林**，**草原**，**荒原**の三つに大別されます。

　植生を構成する植物のうち，占有している面積が最も多く，相観を決定づける種(つまり，その植生で樹高あるいは草丈が高く，量も多く，地表面を広くおおっている種)を**優占種**といいます。たとえば，日本の河原などでは，ススキを優占種とする草原がよくみられます。

❷ 森林

　森林は，木本植物(樹木)が密に生えた植生で，降水量が多い地域に成立します。森林は熱帯から亜寒帯まで幅広い範囲に分布し，世界の陸地のおよそ30％を占めます。各地の気候によって，優占する植物種が異なり，**熱帯多雨林**，**照葉樹林**，**夏緑樹林**，**針葉樹林**などに分けられます。

十分に発達した日本のブナ林などの森林では，森林を構成する植物の高さによって**高木層**，**亜高木層**，**低木層**，**草本層**といった垂直方向の**階層構造**がみられます。また，地表付近には，コケ植物や菌類が生育する**地表層**があり，地中には土壌が発達した**地中層**があります。森林において，樹木が密集して繁っているとき，この森林の最上部を**林冠**といい，地面に近い部分を**林床**といいます。

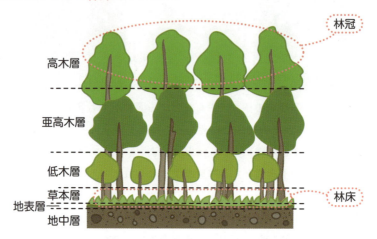

森林には，林冠とよばれる最上部から，林床とよばれる地面に近い場所まで，高木層・亜高木層・低木層・草本層といった階層構造がみられるよ。

　熱帯多雨林などでは，高木層の上部にさらに巨大高木層などが存在し，階層構造が7〜8層にまで発達する場合があります。これに対し，亜寒帯の針葉樹林では，階層構造はあまり発達せず，2層程度しかみられない場合もあります。

❸ 草原

　草原は，草本植物(いわゆる「草」のこと)を中心とする植生で，まばらに低木が生えることもありますが，基本的には降水量が少なく，樹木(木本植物)の生育に適さないような地域に成立します。熱帯の草原を**サバンナ**，温帯の草原を**ステップ**といい，それらが草原の大部分を占めています。日本では，河原や低温のために森林が成立しない高山の一部などにみられます。

❹ 荒原

　荒原は，降水量の少なく乾燥した地域や，気温が極端に低いために植物がほとんど生息していない地域に分布します。つまり，雨のほとんど降らない**砂漠**や，気温の低い高緯度地方の**ツンドラ**や**高山地帯**などが荒原に分類されます。荒原には植物がほとんど生息しないため，地表が剥きだしとなり，土壌はほとんど発達しません。

Point!

さまざまな植生 (まとめ)

- **植生**：ある地域の**気温**や**降水量**といった気候に応じて生息する植物全体のこと。その地域の気候に応じた多様な植生がみられる。
- **相観**：植生を外から見たときのようす。植生は相観によって**森林**，**草原**，**荒原**に大別される。
- **優占種**：植生を構成する植物のうち，樹高あるいは草丈が高く，量も多く，地表面を広くおおっている種。植生の相観は，優占種によって特徴づけられる。
- **階層構造**：森林で発達する垂直方向の層状構造。森林の最上部から順に，高さによって**高木層**，**亜高木層**，**低木層**，**草本層**に分けられる。森林の最上部を**林冠**といい，森林の地表に近い部分を**林床**という。

ココまではおさえよう！

生活形の分類

　植物は，さまざまな環境のもとで生活しており，それぞれの環境での生活によく合った形態と生活様式をもっています。生活様式を反映した植物の形態を**生活形**といい，環境の似た地域には，似通った生活形をもった植物が分布することが多くあります。そのため，生活形の分類によって，植生の分類を行うことができます。

　生活形の分類方法には，いくつかの種類がありますが，ラウンケルによる分類法がよく知られています。ラウンケルは，休眠芽（低温や乾燥に耐えることのできる芽で，生育に適さない冬や乾季につける）をつける位置で植物の生活形を分類しました。たとえば，地表から 30 cm 以上の位置に休眠芽をつけるのは**地上植物**，地表から 30 cm 以下に休眠芽をつけるのは**地表植物**，生育に適さない季節を**種子**としてやり過ごす**一年生植物**という具合に分類します（下図）。

　様々なバイオームにおいて，どのような生活形の種が多いかを調べると，熱帯多雨林では地上植物の割合が高く，砂漠では一年生植物の割合が高くなります。

ラウンケルの生活形の分類

≫ 2. 光合成速度

光合成速度は見かけの光合成速度と呼吸速度の和!

❶ 光合成速度のグラフ

単位時間あたりの植物の光合成量および呼吸量を,それぞれ**光合成速度**,**呼吸速度**といいます。光合成速度と呼吸速度は,それぞれ単位時間あたりの二酸化炭素(CO_2)の吸収量および放出量,あるいは酸素(O_2)の放出量および呼吸量などによって求めることができます。

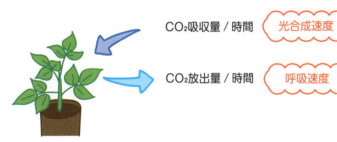

光の強さと CO_2 の吸収速度の関係を,温度を一定にした場合についてグラフで表すと,次ページの図のようになります。図からもわかるように,実際の**光合成速度は,見かけの光合成速度と呼吸速度を加えたもの**になります。

光合成速度 = 見かけの光合成速度 + 呼吸速度

光合成速度と呼吸速度が等しくなると,見かけ上 CO_2 の吸収速度は 0 になります。このときの光の強さを**光補償点**といいます。**植物が成長するためには,光補償点以上の強さの光が必要になります。**また,ある光の強さを超えると,光をさらに強くしても光合成速度はそれ以上大きくなりません。このときの光の強さを**光飽和点**といいます。

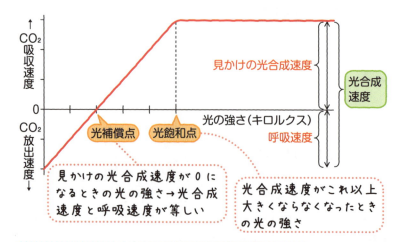

光補償点よりも強い光があると，CO_2 放出速度より CO_2 吸収速度の方が大きくなるよ。

光合成速度のまとめ

- **光合成速度**：見かけの光合成速度と呼吸速度を足すことで求められる。
- **光補償点**：光合成速度と呼吸速度が等しくなり，見かけ上 CO_2 の吸収速度が 0 になるときの光の強さ。**光補償点以下の光の強さでは，光合成速度を呼吸速度が上回るため，植物は生育できない。**
- **光飽和点**：それ以上，光を強くしても光合成速度が大きくならなくなったときの光の強さ。

❷ 陽生植物と陰生植物の光合成速度

陽生植物と陰生植物の光合成の特徴を覚えよう！

　日当たりのよい草原に多く生えるススキなどの植物は，光補償点と光飽和点がどちらも高く，最大光合成速度も大きいという特徴をもちます。そのため，ススキは日なたの光が強い環境下で，すばやく成長することができる植物です。このような植物を **陽生植物** といいます。それに対して，林床などのように弱い光しか届かない薄暗い場所に生育するカタバミは，光補償点と光飽和点がどちらも低いため，成長は遅いものの，弱い光のもとでも成長できるという特徴があります。このような植物を **陰生植物** といいます。

　陽生植物と陰生植物の，光の強さと CO_2 の吸収速度の関係をグラフで表すと，次ページの図のようになります。図からもわかるように，弱い光のもとでは陰生植物の方が陽生植物よりも CO_2 吸収速度が大きくなります。

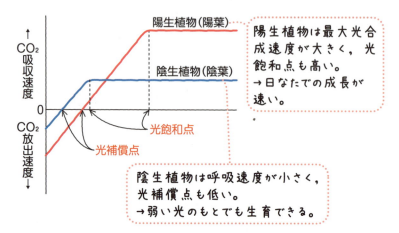

発達した森林の林床は暗く,林冠のわずか数%の明るさしかありません。そのため,**林床付近に生育するような低木の芽生えや草本には,陰生植物が多くなります。**

なお,一つの植物体の葉であっても,光合成の特性には違いがあり,陽生植物のような高い光補償点と光飽和点をもつ**陽葉**と,陰生植物のような低い光補償点と光飽和点をもつ**陰葉**があります。ブナやシイなどは,一つの植物体の中でも,日当たりの良い位置には陽葉,日陰には陰葉をつけます。また,陽葉は陰葉に比べて,さく状組織やクチクラ層が発達し,葉が厚いという特徴があります。

陽生植物と陰生植物の光合成速度 **Point!**

- **陽生植物**：日なたの光が強い場所での生育に適した植物。陰生植物と比較すると，呼吸速度，光補償点，光飽和点が高く，最大光合成速度が大きい。

  例 ススキ，アカマツ，クロマツ，コナラ

- **陰生植物**：林床付近などの比較的光が弱い場所での生育に適した植物。陽生植物と比較すると，呼吸速度，光補償点，光飽和点が低く，最大光合成速度が小さい。

  例 カタバミ，ブナ，シイ，タブノキ

練習問題

光合成に関する下の問いに答えよ。

問 植物 X と植物 Y について，二酸化炭素濃度と温度を一定にし，さまざまな光の強さで二酸化炭素の吸収・放出速度を調べた。下の図は，その結果を葉の単位面積あたりの値で示したものである。これらの植物の光合成に関する次の記述ア〜オのうち，正しい記述の組合せとして最も適当なものを，次の①〜⑥のうちから一つ選べ。なお，植物 X と植物 Y の一方は陽生植物であり，もう一方は陰生植物である。

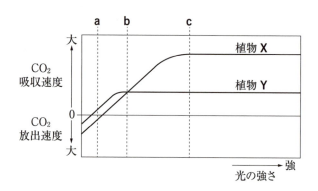

ア a の光の強さでは，植物 X は光合成を行っていない。
イ b の光の強さでは，見かけの光合成速度は，植物 X と植物 Y で等しい。
ウ c の光の強さでは，植物 Y の方が植物 X よりも，酸素を多く放出する。
エ 植物 X は陽生植物であり，植物 Y は陰生植物である。
オ 植物 X は陰生植物であり，植物 Y は陽生植物である。

① ア，エ　　② ア，オ　　③ イ，エ　　④ イ，オ
⑤ ウ，エ　　⑥ ウ，オ

解答 ③

解説

ア…誤り。植物Xと植物Yの光合成速度が0になるのは，グラフの左端の，光の強さが0になるときです。**a**の光の強さのもとでは植物Xも植物Yも光合成を行っています。**a**の光の強さのもとで，植物Xの二酸化炭素の吸収速度が負になっている（二酸化炭素を放出している）のは，光合成速度よりも呼吸速度の方が大きいからです。

イ…正しい。**b**の光の強さのもとでは，植物Xと植物Yの二酸化炭素の吸収速度が見かけ上等しくなっています。

ウ…誤り。植物は光合成によって二酸化炭素を吸収し，酸素を放出します。したがって，光合成速度が大きいほど二酸化炭素吸収速度と酸素放出速度が大きくなります。**c**の光の強さのもとでは，植物Xの方が植物Yよりも見かけの光合成速度が大きいので，より多くの酸素を放出すると考えられます。

エ・オ…陽生植物は，陰生植物と比較すると呼吸速度，光補償点，光飽和点が高く，最大光合成速度も大きくなるため，植物Xが陽生植物で，植物Yが陰生植物と考えられます。したがって，**エ**が正しく，**オ**が誤りです。

光合成速度と見かけの光合成速度の関係をしっかりとおさえておこう！
光合成速度＝見かけの光合成速度＋呼吸速度 だね！

Theme 21 植生の遷移

　植生は，長い年月をかけて，その地域の気候に合った安定した状態になります。植生は一度安定すると，自然現象や人間活動によって多少破壊されても，再びもとに戻ります。Theme 21 では，植生が変化していく過程とそのしくみについて学習しましょう。

≫ 1. 一次遷移

 共通テストの秘訣！

　裸地・荒原から始まり，陰樹林が形成されて植生は安定する。

裸地荒原	草原	低木林	陽樹林	混交林	陰樹林
地衣類 コケ植物	ススキ チガヤ イタドリ	ヤシャブシ ツツジ	コナラ アカマツ クロマツ シラカンバ ダケカンバ ハンノキ など		シイ カシ クスノキ タブノキ など

林冠／林床／土壌

　次の森林の高木層を形成するのは，現時点で林床にいる芽生えや幼木である点を覚えておこう！
　つまり，次世代を担うのは子どもたちってことだね。

ある場所の植生が時間とともにしだいに変化していく現象を**遷移**(植生遷移)といいます。火山の噴火によってできた溶岩台地や，海底火山の噴火によって海底が隆起してできた新しい島などのように，植物の種子や根も存在せず，土壌が形成されてない**裸地**からはじまる遷移を**一次遷移**といいます。一次遷移には，陸上ではじまる**乾性遷移**と，湖沼などからはじまり陸上の遷移へと変化する**湿性遷移**とがあります。

❶ 先駆植物の侵入

新しくできた裸地では，植物が根づくための土壌がなく，保水力の低い乾燥した地表が露出します。このような厳しい環境には，限られた植物しか生育できません。他の植物に先駆けて裸地に侵入する植物は，土壌を必要としない**地衣類**(菌類と緑藻類やシアノバクテリアが共生したもの)**やコケ植物**や，わずかな土壌でも生育できる**ススキやイタドリなどの草本植物**です。これらの植物は**先駆植物**(**パイオニア植物**)とよばれます。先駆植物の侵入から一次遷移がはじまります。

❷ 荒原から草原へ

先駆植物が侵入すると，やがて島状(パッチ状)に植生が点在する**荒原**になります。先駆植物の枯死体が堆積したり，岩石が風化するなどして土壌が形成され始めると，成長の速い草本植物が侵入し，徐々に荒原から**草原**へと植生が移り変わります。

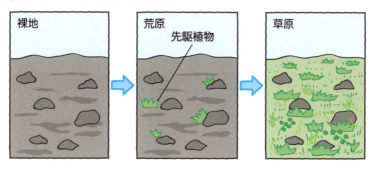

❸ 土壌の形成

草本植物の成長にともない，落葉や脱落した根などによって有機物が蓄積します。すると，それが土壌微生物のはたらきによって分解され，栄養塩類を含んだ土壌の形成が進みます。発達した森林の土壌は，層状の構造が垂直方向に形成されています。上部に落葉や落枝が堆積した層があり，その下には**腐植**に富む層がみられ，さらに下層には岩石が風化した層がみられます。腐植層は少しずつ厚くなり，豊かな土壌が形成されていきます。

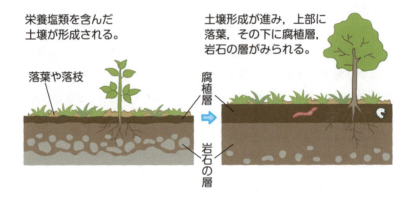

❹ 陽樹林から陰樹林へ

土壌が形成されて，植生が発達してくると，鳥や風が運んできた種子から樹木が生育して，**低木林**になります。この遷移の初期に現れる樹種を**先駆樹種**といいます。日本において先駆樹種となるのは，暖温帯ではアカマツやクロマツ，冷温帯ではシラカンバ，亜寒帯ではダケカンバなどです。これらはいずれも**陽樹**です。

ヤシャブシやミヤマハンノキなどの一部の先駆樹種は，根に根粒を形成し，**窒素固定細菌**を共生させることができます。この細菌が共生していると，空気中の窒素を栄養分として利用することができるため，栄養塩類の少ない土壌でも生育することができます。⇒ p.263 もチェック！

　先駆樹種である陽樹の低木林は成長し，やがて陽樹林となります。陽樹林では，樹高の高い木々と生い茂った葉によって光が遮られ，地表は薄暗くなります。一旦，地表が薄暗く，光の弱い環境になってしまうと，光補償点が高く成長に強い光を必要とする陽樹の芽生えは生育できません。**弱い光のもとでも生育できる，光補償点の低い陰樹の芽生えだけが，成長することができます。**

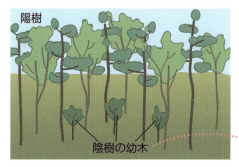

❺ 極相林の形成

　陽樹林の林床で陰樹の芽生えや幼木が成長すると，陽樹林はやがて陽樹と陰樹が混ざった<u>混交林</u>となります。陽樹が寿命で枯れると，下層に生育していた陰樹が成長してその部分を埋めるようになります。そのため，混交林はやがて陰樹から構成される陰樹林となります。陰樹林では，成木が枯れても同じ陰樹の幼木が成長して入れ替わるだけなので，森林を構成する樹種に大きな変化がなくなります。遷移が十分に進行し，構成種に大きな変化がなくなった状態を<u>極相</u>（**クライマックス**），極相にある森林を<u>極相林</u>といいます。また，極相林を構成する樹種は<u>極相樹種</u>といいます。

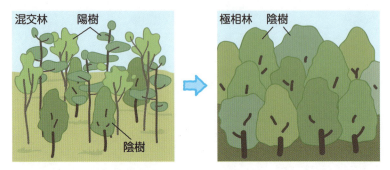

　日本でみられる極相林の優占種は、暖温帯では**シイ**, **カシ**, **クスノキ**, **タブノキ**など、冷温帯では**ブナ**、亜寒帯や本州中部の亜高山帯では**エゾマツ**, **トドマツ**, **シラビソ**, **コメツガ**, **トウヒ**などです。⇒ Theme 22 もチェック！

> 極相樹種は、光補償点の低い陰樹です。

植生の遷移のまとめ

- **一次遷移**：土壌がない状態から始まる遷移。
- 一次遷移の流れ

　裸地・荒原 → 草原 → 低木林 → 陽樹林 → 混交林 → 陰樹林（極相）

≫ 2. ギャップ更新・二次遷移

❶ ギャップ更新

> ギャップ更新や二次遷移は，すでに土壌が存在する状態から始まる！

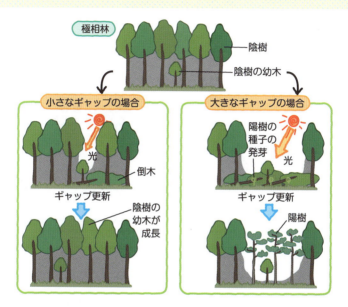

大きなギャップだと一時的に陽樹がギャップを埋めるけど，やがて陰樹に入れ替わるよ。

　極相林になったからといって，構成する樹種に全く変化がなくなるわけではありません。台風や寿命などによって高木が倒れると，林冠に穴が空き，部分的に林床まで光が届く場所ができます。このような場所を**ギャップ**といいます。大きなギャップでは，土壌中で休眠していた種子や，鳥などの動物によって持ち込まれた種子から陽樹が発芽し，成長し始めます。このような森林の樹種の入れ替わりを**ギャップ更新**といいます。定期的に大小さまざまなギャップが生じることで，極相林であっても，陽樹から陰樹まで色々な樹種が生育します。

❷ 二次遷移

　山火事や森林伐採などによって，植生の大部分が失われた後にも，やはり遷移は起こります。このような場合は，土壌が残っており，また，土壌中に残された種子や切り株から発芽した植物がすばやく植生を再生させます。そのため，**裸地から始まる一次遷移よりもはるかに速く遷移が進行**し，植生が回復します。このような，土壌が残された状態からはじまる遷移を，**二次遷移**といいます。

山火事や森林伐採などで植生が失われる。
土に埋まった種子

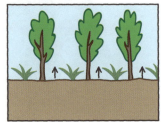
土に埋まった種子から草木や樹木が成長する。

Point!

一次遷移と二次遷移のまとめ

	遷移の始まり	遷移の初期	極相に達するまでの時間
一次遷移	火山の噴火，海上の新しい島	溶岩台地などの裸地（土壌なし）	長い
二次遷移	山火事，森林伐採，放棄された農耕地	すでに土壌がある。植物の種子や根がある。	短い

▶▶ 3. 先駆樹種と極相樹種の特徴

先駆樹種と極相樹種の特徴をみていきましょう。

	先駆樹種	極相樹種
①種子の散布力	強い	弱い
②種子の大きさ	小さい	大きい
③乾燥への耐性	強い	弱い
④貧栄養への耐性	強い	弱い
⑤日なたでの成長	速い	遅い
⑥耐陰性	弱い	強い
⑦成体の寿命	短い	長い
⑧樹高	低い	高い

（おもに陽樹／おもに陰樹）
（遷移の初期／遷移の後期）

ドングリの実のような大型の種子をつける植物も多い。

暗い林床でも生育できる。

　先駆種の種子は，小型で風によって散布されるものや，鳥に食べられて散布されるものなどが多くみられます。一方，極相樹種の種子は，ドングリの実のような大型で重力散布型のものが多くみられます。極相樹種である陰樹は，暗い林床でも生育できるため，種子が落ちたところでそのまま成長します。

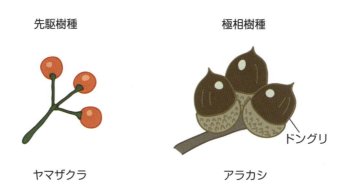

先駆樹種　　　　　　　極相樹種

ヤマザクラ　　　　　　アラカシ（ドングリ）

　遷移の初期には，地表は直射日光にさらされて高温になり乾燥します。また，土壌は十分な栄養塩類を含んでいません。このような環境に侵入して森林を形成する先駆樹種は，種子が小形で散布力が強く，乾燥や貧栄養への耐性も強いのが特徴です。

森林が形成されると，森林内は湿潤になり温度の変化は穏やかで安定します。そのうえ，土壌中には栄養塩類も豊富に含まれるようになります。このような森林内で生育する極相樹種には，乾燥や貧栄養への耐性がそれほど強くないものが多くみられます。

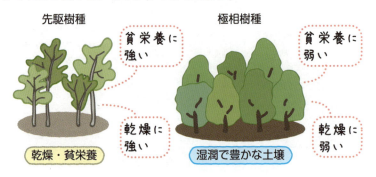

練習問題

森林の構造と遷移に関する下の問いに答えよ。

問 極相林の特徴に関する記述として**誤っているもの**を，次の①〜⑦のうちから二つ選べ。ただし，解答の順序は問わない。

① 森林の高さは，遷移の途中にある森林よりも高く，4〜5層の階層が発達する。
② 林床には極相樹種の芽生えや幼木が存在する。
③ 林床は暗く，そこに生活する植物は耐陰性をもち，光補償点も高い。
④ 植物の種類が豊富で，森林の構成樹種はほぼ一定に維持される。
⑤ 老木の枯死や風害などで林冠に大きな穴（ギャップ）が開くと，先駆種が侵入して一次遷移が起こり，部分的再生がくり返される。
⑥ 動物の種類が豊富で，食物網は複雑である。
⑦ 有機物の蓄積によって土壌が発達し，栄養塩類の量や保水力が増して，安定した塩類や水の循環が維持される。

解答 ③・⑤（順不同）

解説

①正しい。森林では，低木から次第に樹高の高い種へと遷移していきます。極相林では，階層構造も発達します。

②正しい。極相林では，林床には弱い光しか届きません。そのような場所では，耐陰性の高い植物，つまり陰生植物しか発芽・生育できません。極相樹種はおもに陰樹です。

③誤り。光補償点は，「呼吸速度と光合成速度が等しく，植物がぎりぎり生きることができる光の強さ」のことでしたね。耐陰性の高い植物とは，弱い光の下でも生育できる陰生植物です。陰生植物は陽生植物に比べて光補償点が低くなります。

④正しい。極相林には多様な植物が生育しています。しかし，樹種に関しては，林内が暗いためほとんど陰樹しか新たに生育できず，構成樹種は大きく変化することはありません。

⑤誤り。ギャップに先駆種が侵入するというのは正しい記述ですが，この場合はすでに土壌が存在するため，一次遷移ではなく二次遷移です。

⑥正しい。階層構造の発達した森林には多様な動物が生息しています。多様な動物がつくり出す食物網は複雑になります。

⑦正しい。落葉をはじめとした有機物が蓄積し，土壌が発達します。すると，保水力が高まるとともに，多様な分解者が栄養塩類をはじめとした分解産物を多く供給することになります。

> 山火事や伐採などによって破壊された森林や，放棄された耕作地のように，すでに土壌が形成されていて，植物の種子や根が存在するような環境から始まる遷移は二次遷移だったよね。

Theme 22 気候とバイオーム

地球上には，その地域の気候に適応した生物の集団が各地に分布しています。生物の集まりのことをバイオームといいます。Theme 22 では，陸上のバイオームについて学習します。

>> 1. バイオーム

共通テストの秘訣!
気温と降水量がバイオームを決める!

❶ バイオームとは

地球上では，地域ごとに，その環境に適応した生物集団が生息しています。生物集団は，植物，動物，微生物などが互いにかかわりあいをもつことで構成されています。ある地域の**植生とそこに生息する動物や微生物などを含めた生物のまとまり**を**バイオーム**（**生物群系**）といいます。バイオームと気候の関係は，植生を中心に研究されています。植物の生育は，さまざまな環境の影響を受けますが，一般的に，気温と降水量の影響が最も大きくなります。そのため，**陸上のバイオームは，おもにその地域の気温と降水量によって決定されます**。

❷ バイオームの分類

バイオームは，その相観によって，**森林**，**草原**，**荒原**に大別されます。相観とは，その地域の植生の外観のことで，優占種によって決定づけられます。

バイオームをより細かくみていくと，次の図のように分けられます。

Theme 22 気候とバイオーム 233

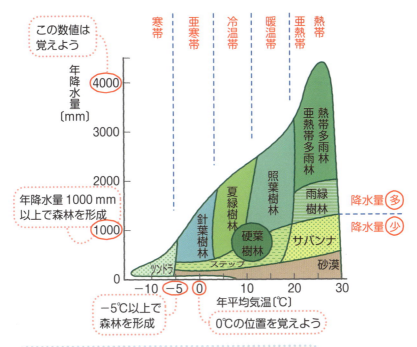

バイオームは，植生を構成する植物と，そこに生息する動物や微生物を含む**すべての生物の集まり**を意味します。

❸ 平均気温の違いによるバイオームの変化

　年降水量が十分にある地域に注目して，年平均気温の違いによるバイオームの変化をみてみましょう。年平均気温がマイナス5℃以上の地域であれば，森林が構成されますので，さまざまな森林の変化がみられます。

　次のページの図①を見てください。年平均気温が高い方から低い方に向かって，**熱帯多雨林→亜熱帯多雨林→照葉樹林→夏緑樹林→針葉樹林→ツンドラ**へと変化する様子がわかりますね。年平均気温がマイナス5℃以下の寒帯の地域では，森林は成立しなくなります。このような地域でみられるバイオームはツンドラとよばれ，荒原に分類されます。

❹ 降水量の違いによるバイオームの変化

　今度は、年平均気温が同じ場合、年降水量の違いに注目すると、バイオームはどのように変化するのかみてみましょう。

　下の図②を見てください。年平均気温が高い熱帯において、降水量に着目すると、年降水量が多い方から少ない方に向かって、**熱帯多雨林→雨緑樹林→サバンナ→砂漠**へと変化します。熱帯・亜熱帯で、一年を通して降水量が多ければ、熱帯・亜熱帯多雨林が形成されます。降水量がやや少なく雨季と乾季がある地域では、雨緑樹林が形成されます。また、さらに降水量が少ない地域では熱帯の草原であるサバンナが形成され、さらに降水量の少ない地域では荒原である砂漠となります。

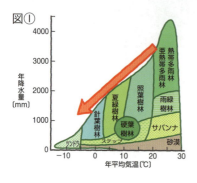
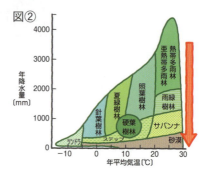

>> 2. 世界のバイオーム

世界中の陸上には，気候ごとにさまざまなバイオームがみられます。世界のバイオームの特徴を詳しくみていきましょう。

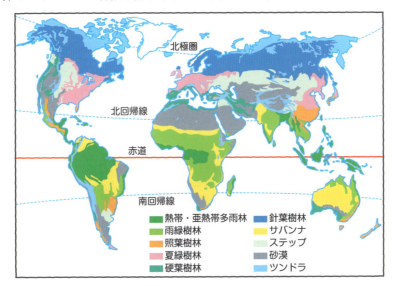

❶ 森林－常緑広葉樹林－

熱帯多雨林：年間を通して高温多雨な，赤道付近の地域に分布します。樹高が低い樹木から，70 m に達する樹木まで生育し，つる植物や着生植物なども多くみられます。また，バイオームの中でもとりわけ，多種多様な生物が生息する場所です。

例：フタバガキ

熱帯多雨林

亜熱帯多雨林：熱帯よりもやや緯度が高く，気温が少し低い地域に分布します。日本では，沖縄などの南方の地域にみられます。

例：**ガジュマル**，アコウ，ビロウ，ヘゴ，マルハチ，ソテツ

　熱帯や亜熱帯の河口には，泥中に根をはる**マングローブ**とよばれる特殊な植物群が林を形成しています。代表的な樹種は**ヒルギ**などで，これらの樹木は塩水に耐性があり，海水に浸かっても生育することができます。土と違って泥中は酸素が少ないため，根の一部を地上に出し，酸素を吸収しています。

例：オヒルギ，メヒルギ

マングローブ林

照葉樹林：比較的気温が高い暖温帯地域の中で，夏に降水量が多く，冬に乾燥する地域に分布します。日本では南西部に幅広くみられます。照葉樹林の中で特に多くみられるのは，常緑広葉樹です。常緑広葉樹の**硬くて光沢のある葉には，乾燥を防ぐためのクチクラ層が発達しています。**

例：**シイ，カシ，クスノキ，ツバキ，タブノキ**

タブノキ

硬葉樹林：地中海周辺のような，温帯で夏に乾燥し，冬に雨の多い地域に分布します。日本では瀬戸内海周辺にみられます。硬葉樹林は，硬くて小さな厚手の葉をつけます。この葉も，乾燥を防ぐためにクチクラ層が発達しています。

例：オリーブ，コルクガシ，ゲッケイジュ

オリーブ

常緑樹　　広葉樹

　常緑広葉樹とは，落葉する前に新しい葉をつけ，一年を通して葉が常についている広葉樹のことです。葉の寿命は，樹木の種類によってさまざまです。

❷ 森林－落葉広葉樹林－

雨緑樹林：熱帯・亜熱帯の気温の高い低緯度地域で，乾季と雨季がはっきりしていて，年間降水量の少ない地域に分布します。**降水量の少ない乾季になると，樹木は葉を落とし，雨季になると再び葉をつけます。**

例：チーク

雨季→緑
乾季→落葉

チーク

夏緑樹林：温帯の中でも，年平均気温が低い冷温帯地域に分布します。日本では，東北地方のような寒さの厳しい地域にみられます。気温の低い冬は，光合成を十分に行うことができません。そのため，**樹木は葉を落とし，気温の上昇する夏季に葉をつけます。**
例：**ブナ，ミズナラ，**カエデ

夏季→緑
冬季→落葉

ブナ林の紅葉

落葉樹

広葉樹

落葉広葉樹とは，一年内に落葉する広葉樹のことです。夏に繁茂して冬になると葉を落とす広葉樹や雨季に繁茂して，乾季に落葉する樹木などがあります。

❸ 森林－針葉樹林－

針葉樹林：おもに，年間を通して気温の低い亜寒帯に分布します。針葉樹の葉は，細長い針状の形状をしています。気温が低く，植物の成長速度が遅いため，樹高の低い樹種が多くみられます。
例：エゾマツ，トドマツ，シラビソ，コメツガ，トウヒ

針葉樹林

❹ 草原

サバンナ：**熱帯や亜熱帯**地域で，乾季が長く降水量の少ない地域に分布します。降水量が少なく土壌が育たないため，森林は形成されません。まばらに生えた**アカシア**などの樹木と，**イネ科植物**などの草本がみられます。植物食性のシマウマや，それを捕食する動物食性のライオンなどが生息します。

熱帯の草原。木本がまばらに点在する。

サバンナ

ステップ：**温帯**の内陸部で，降水量が少なく乾燥した地域に分布します。サバンナと違い，樹木はほとんど生育できず，**イネ科植物**などの草本からなる草原がみられます。

温帯の草原。木本はほとんどみられない。

ステップ

❺ 荒原

砂漠：熱帯から温帯までの範囲で，雨がほとんど降らず，極端に降水量が少ない地域に分布します。乾燥のため植物はほとんど生育できません。サボテンのような乾燥に強い植物や降雨の後だけに花を咲かせて種子をつける一年生草本が点在する以外は，岩石や砂からなる地表が露出しています。

砂漠

ツンドラ：年間を通して気温が極端に低い**寒帯**に分布します。この地域は低温のため，微生物による有機物の分解速度が遅く栄養塩類も少ないため，貧弱な土壌しか形成されません。そのため，植物が十分に成長できる降水量があっても，樹木はほとんど生育しません。ツンドラでは，草本，コケ植物，地衣類がおもな構成種になります。

ツンドラ

> **Point!**
>
> | バイオームのまとめ |
>
> - **バイオーム**（生物群系）：その地域の植生とそこに生息する動物や微生物などを含めた生物のまとまりのこと。陸上のバイオームは，おもにその地域の**気温**と**降水量**によって決定される。
> - 森林のバイオーム：
>   　　常緑広葉樹林…**熱帯多雨林，亜熱帯多雨林，照葉樹林，硬葉樹林**
>   　　落葉広葉樹林…**雨緑樹林，夏緑樹林**
>   　　針葉樹林　　…**針葉樹林**
> - 草原のバイオーム：**サバンナ，ステップ**
> - 荒原のバイオーム：**砂漠，ツンドラ**

>> 3. 日本のバイオーム

日本のバイオームはおもに気温のみで決まる！

❶ 水平分布

　日本は降水量が十分に多いので，高山や海岸などを除けば，森林が成立する気候にあります。そのため，バイオームの分布の違いは，おもに気温の違いによるものとなります。

　北方にいくほど気温が低く，南方にいくほど気温は高くなります。同じ気温の地域は，緯度に応じて帯状に分布するため，バイオームも帯状に分布します。このような，緯度に応じたバイオームの分布を**水平分布**といいます。

水平分布

針葉樹林
　（亜寒帯）エゾマツ，トドマツ
夏緑樹林
　（冷温帯）ブナ，ミズナラ，カエデ
照葉樹林
　（暖温帯）シイ，カシ，クスノキ，ツバキ，タブノキ
鹿食った
　シイ，カシ，クスノキ，ツバキ，タブノキ
亜熱帯多雨林
　（亜熱帯）ガジュマル，アコウ，ビロウ，ヘゴ，ソテツ，ヒルギ

緯度に応じて，いろいろなバイオームが分布しているね！
図の中の樹種は覚えておこう。

沖縄から九州南端までの**亜熱帯**気候の地域には**亜熱帯多雨林**が，九州，四国から関東までの**暖温帯**気候の地域には**常緑広葉樹**からなる**照葉樹林**が分布しています。さらに，東北地方から北海道南部までの**冷温帯**気候の地域には**落葉広葉樹**からなる**夏緑樹林**が，北海道東北部の**亜寒帯**気候の地域には耐寒性の高い**常緑**の**針葉樹林**がそれぞれ分布しています。

❷ 垂直分布

気温は，標高が100m高くなるごとに，およそ0.5～0.6℃低下します。したがって，高山では低地から高地にかけて，低緯度から高緯度への水平分布と同様なバイオームの分布がみられます。このような標高に応じたバイオームの分布を**垂直分布**といいます。

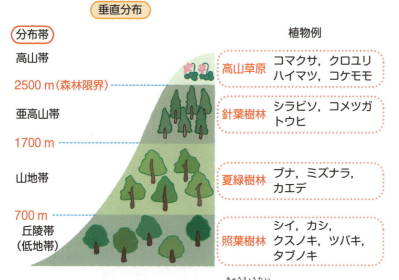

本州中部では，標高700mくらいまでの**丘陵帯（低地帯）**には**照葉樹林**が，標高1700m付近までの**山地帯**には**夏緑樹林**が分布しています。また，標高2500m付近までの**亜高山帯**には**針葉樹林**が分布しています。**本州の針葉樹林にはシラビソ，コメツガ，トウヒなどが優占し，エゾマツ，トドマツはみられません。**

亜高山帯の上限（**2500 m**）は**森林限界**とよばれ，これよりも標高の高い場所では低温と強風のため高木の森林はみられません。

　森林限界よりも高いところは**高山帯**とよばれ，ハイマツ，コケモモなどの低木や，コマクサ，クロユリなどの草本の高山植物が分布します。そして，夏になると**お花畑**とよばれる**高山草原**がみられるようになります。

補足
> 2600 m 付近では樹高の高い高木がみられなくなり，**高木限界**に達する。

Point!

日本のバイオームのまとめ

- 日本のバイオーム：日本は降水量が十分であるため，バイオームの分布はおもに気温の違いによって決まる。
- **水平分布**：緯度に応じた水平方向のバイオームの分布。南から北に向かって**亜熱帯多雨林→照葉樹林→夏緑樹林→針葉樹林**の順に帯状に分布する。
- **垂直分布**：標高に応じた垂直方向のバイオームの分布。本州中部では，丘陵帯（低地帯）から高山帯に向かって**照葉樹林→夏緑樹林→針葉樹林→高山草原**の順に帯状に分布する。
- **森林限界**：亜高山帯と高山帯の境界線で，これよりも標高の高い場所では，低温と強風のため高木の森林はみられない。本州中部の場合は，標高**約 2500 m**。

暖かさの指数

　日本は降水量が十分であるため，バイオームの分布はおもに気温の違いによって決まります。日本のように森林が形成される地域では，**暖かさの指数**によって実際に形成されるバイオームをうまく説明できる場合があります。暖かさの指数とバイオームの関係をまとめると，表1のようになります。

表1　暖かさの指数

気候帯	暖かさの指数	バイオーム
熱　帯	240 以上	熱帯多雨林
亜熱帯	180～240	亜熱帯多雨林
暖温帯	85～180	照葉樹林
冷温帯	45～85	夏緑樹林
亜寒帯	15～45	針葉樹林
寒　帯	0～15	ツンドラ

　共通テストでは，暖かさの指数の計算問題が出題される可能性もあるので，その計算方法を確認しておきましょう。

＜手順＞
①植物の生育に必要最低限の温度を5℃と考え，1年間のうち月平均気温が5℃を超える月だけを選び出す。
②選び出したそれらの月平均気温から5℃を差し引いた値をそれぞれ求める。
③各々の値を合計する。

　次のページで，実際に暖かさの指数を計算してみましょう。

Theme 22　気候とバイオーム　245

　　次の表は，日本のある地域での月平均気温（℃）の近年の平均値を示したものです。この地域の暖かさの指数を計算し，気候帯とバイオームを考えてみましょう。

表

月	1	2	3	4	5	6	7	8	9	10	11	12
平均気温（℃）	2	3	6	13	18	21	25	27	22	16	11	4

①1年間のうち月平均気温が5℃を超える月だけを選び出す。

月	1	2	3	4	5	6	7	8	9	10	11	12
	2	3	⑥	⑬	⑱	㉑	㉕	㉗	㉒	⑯	⑪	4

②選び出したそれらの月平均気温から5℃を差し引いた値をそれぞれ求める。

月	1	2	3	4	5	6	7	8	9	10	11	12
平均気温（℃）	2	3	6	13	18	21	25	27	22	16	11	4
			↓	↓	↓	↓	↓	↓	↓	↓	↓	
5℃を差し引いた値	−	−	1	8	13	16	20	22	17	11	6	−

③各々の値を合計する。

　　$1+8+13+16+20+22+17+11+6=114$

　　よって，この地域の暖かさの指数は，114となります。したがって，前ページの表1より，この地域の気候帯は暖温帯で，人の手が入らない場合，形成されるバイオームは照葉樹林になると考えられます。

246   Chapter_4   植生の多様性と分布

練習問題

森林に関する次の文章を読み，下の問いに答えよ。

問　沖縄から北海道までは約 3,000 km の距離があり，気候の相違によっ
　　てさまざまなバイオームが発達している。また，中部地方では標高
　　2,000 m を越える山脈が連なっていて，南から北への水平分布と同じよ
　　うに，低地から高山まで垂直的な植生の移り変わりをみることができる。
　　中部地方の亜高山帯には，一般に，あるバイオームが分布している。そ
　　れは（**a**）であり，（**b**）はその主要な構成種の一つである。

　　上の文章中の（**a**），（**b**）に入る語の組合せとして，最も適当なものを，
　　次の①〜⑥のうちから一つ選べ。

	(a)	(b)		(a)	(b)
①	夏緑樹林	ブ ナ	②	夏緑樹林	タブノキ
③	照葉樹林	スダジイ	④	照葉樹林	ミズナラ
⑤	針葉樹林	オオシラビソ	⑥	針葉樹林	アカマツ

解答　　⑤

解説

　　本州中部の亜高山帯に分布するバイオームは常緑針葉樹林であり，その
代表的な樹木はシラビソ，コメツガ，トウヒなので，⑤が正解です。なお，
アカマツは暖温帯などにみられる陽樹です。

Chapter 5

生態系とその保全

Theme 23 生態系の成り立ち

　地球上にはいろいろな生物がいます。また，生物を取り巻く環境もさまざまです。生物とそれを取り巻く環境は相互に影響を及ぼしながら生態系を築き上げています。Theme 23 では，生態系の成り立ちや，生態系における生物どうしのかかわりについて学習します。

≫ 1. 生態系の構造

生態系は生物と非生物的環境によって構成されている！

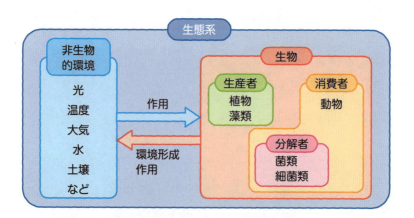

非生物的環境から生物へのはたらきかけを作用，生物から非生物的環境へのはたらきかけを環境形成作用というよ。

❶ 生態系

　ある地域にいる生物は，生息する場所に固有の環境に取り囲まれています。このような，生物とそれを取り囲む環境を，ひとつのまとまりとしてとらえたものを，**生態系**といいます。

　環境は，**生物的環境**と**非生物的環境**の二つに分けられます。生物的環境とは，周辺に生息する同種の生物や異種の生物など，あらゆる生物を構成要素としています。一方，非生物的環境とは，光，水，大気，土壌，温度などを構成要素としています。

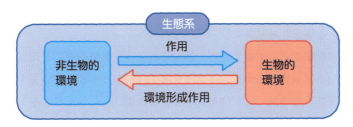

　生態系の中では，常に生物と非生物的環境が影響し合っています。例えば，光が強くなると植物の光合成は活発になります。こうした非生物的環境が生物に与える影響を**作用**といいます。逆に，生物が非生物的環境に影響を与える場合もあり，これを**環境形成作用**（**反作用**）といいます。環境形成作用の例としては，大きく成長した植物が光を遮って，地表付近を日陰にすることや，枯死した植物が，やがて分解されて土になり，土壌が厚くなることなどを挙げることができます。

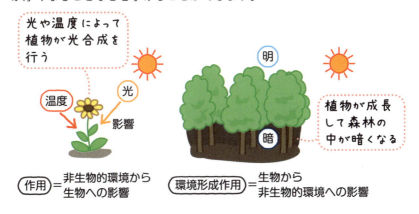

❷ 生産者・消費者・分解者

　生態系内にはさまざまな生物が存在します。生物たちはそれぞれの役割によって，**生産者**，**消費者**の二つに大きく分けることができます。生産者は無機物から有機物を合成することができる生物（**独立栄養生物**）で，植物，水中の植物プランクトンや藻類などのように光合成を行う生物がこれにあたります。消費者は，無機物から有機物を合成できず，他の生物を栄養源とする生物（**従属栄養生物**）です。消費者は，植物（生産者）を食べる**一次消費者**，一次消費者を食べる**二次消費者**，というように段階的に分けられています。三次消費者，四次消費者など，さらに高次の消費者が存在する場合もあります。

　生態系を構成する生物のうち，植物の枯死体や動物の遺体や排泄物などの有機物を無機物に分解する役割をもつ生物を**分解者**といいます。分解者を代表する生物は，カビやキノコなどの菌類，そして土壌の中の細菌類です。分解された無機物は再び生産者の有機物合成に利用されます。

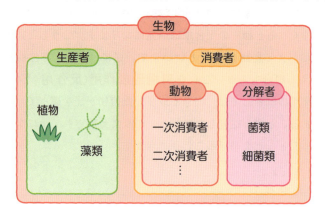

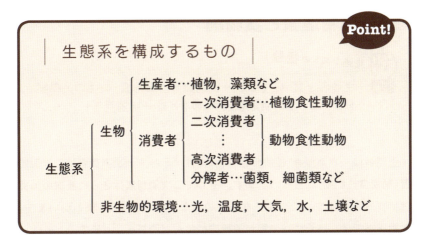

範囲外だけど，もっと詳しく知りたい人へ

 生物間の相互作用

　生態系内では，生物と非生物的環境が互いに影響し合っています。しかし，生物どうしもまた，互いに影響し合っています。例えば，エサや生息場所をめぐって同じ種の生物どうしが**競争**し合うことがあります。異なる種どうしにもさまざまな関係があり，テントウムシがアブラムシを食べたり，マメ科植物と根粒菌が共生したりと，互いに影響し合っています。このように生物どうしが互いに影響し合うことを**相互作用**といいます。

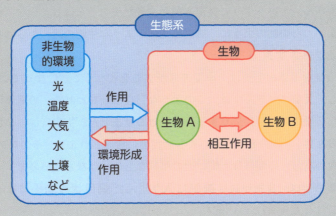

>> 2. 食物連鎖と食物網

生産者を食べるものが一次消費者。草を食べるもの・果実を食べるもの・樹液を吸うものなどは一次消費者！

　生産者は一次消費者（植物食性動物）に食べられ，一次消費者は二次消費者（動物食性動物）に食べられます。そして二次消費者はさらに高次の消費者に食べられます。このような一連のつながりを**食物連鎖**といいます。食物連鎖では，いくつもの種が連続的に並んだ関係を示します。

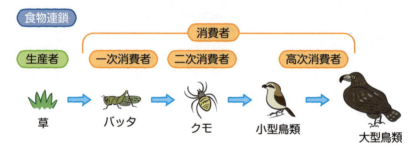

　森林では，落葉などの植物の枯死体をミミズが食べ，そのミミズをモグラが食べる，というように食物連鎖が生きた生物からはじまらない場合もあります。この例のように，植物枯死体のような生物の遺体からはじまる食物連鎖を**腐食連鎖**といいます。

　上の食物連鎖の図では，小型の鳥がクモを食べることになっています。しかし，実際の生態系では，このような「食う─食われる」の関係は，決まった２種の間だけに成立するわけではありません。捕食者はさまざまな被食者を食べ，被食者はさまざまな捕食者に食べられます。そのため，「食う─食われる」の関係は，横一列の単純なものにはならないのです。実際の生態系では，食物連鎖は**複雑に入り組んだ網目状の関係**になっており，これを**食物網**といいます。

実際の生態系では，食物連鎖は複雑な網の目のような関係になっている！

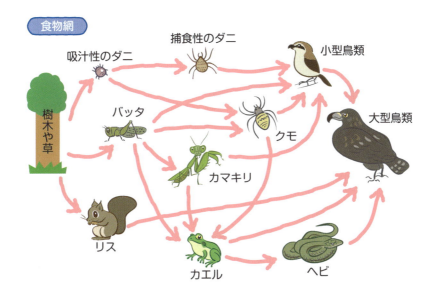

実際の生態系では，食物連鎖は直線的なつながりではなく，複雑な網目状の関係になっているんだね。このような関係を食物網というよ。

食物連鎖と食物網のまとめ

Point!

- **食物連鎖**：生態系において，被食者と捕食者が連続的につながっていること。
- **食物網**：生態系で，食う－食われるの関係が複雑な網目状になっていること。

ココまではおさえよう！

キーストーン種

　生態系では，特に強い影響をもつ生物種がいて，その種がいなくなると，生態系そのものが大きく変化してしまうことがあります。

　アメリカの太平洋岸の岩場で，ヒトデを除去すると，ヒトデに食べられていたヒザラガイが岩場のほとんどを占めてしまうほど増えました。そして，他の貝や藻類がほとんどいない単純な生態系になってしまいました。つまり，この生態系ではヒトデが捕食を通して，ヒザラガイや他の貝類を減らすことで，多様な生物が生息する生態系が維持されてきたわけです。

　この例のように生態系内で食物網の上位に位置し，比較的少数しかいなくても，他の生物や生態系に大きな影響を与える生物種を**キーストーン種**といいます。

≫ 3. 生態ピラミッド

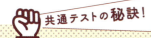
共通テストの秘訣！
栄養段階の上位になるほど，個体数や生物量が減る。

❶ 個体数ピラミッド

生態系内での，生産者，一次消費者，二次消費者…といった食物連鎖の各段階のことを**栄養段階**といいます。

それぞれの栄養段階ごとの個体数は，**個体数ピラミッド**によって表すことができます。これは各栄養段階の個体数を棒グラフにし，それを横にして，栄養段階の下位から上位に向かって順に積み重ねて表したものです。多くの場合，個体数は，生産者から高次消費者に向かうにしたがってしだいに少なくなり，ピラミッドのような形になります。そのため，個体数ピラミッドというのです。

北米の草原生態系の例

- 三次消費者（鳥など）
- 二次消費者（クモなど）
- 一次消費者（バッタなど）
- 生産者（草など）

各栄養段階の個体数を比較している

❷ 生物量ピラミッド

　一定の面積中に存在する生物体の総量を**生物量**といいます。生物量を栄養段階の下位から上位に向かって順に積み重ねると，個体数と同じようにピラミッド型になります。これを**生物量ピラミッド**といいます。この生物量も，栄養段階が上位になるほど少なくなることが多いのです。

　生物量は，ふつう，乾燥重量などで表します。つまり，生物の体重の合計を反映したものと考えればよいでしょう。

生物量は**乾燥重量**（≒体重から水分を除いたもの）などを用いて表されるよ。

　これら個体数ピラミッドと生物量ピラミッドをまとめて，**生態ピラミッド**といいます。

生態系の構造

- **栄養段階**：生産者を出発点とする，食物連鎖の各段階のこと。

  例 一次消費者，二次消費者など

- **個体数ピラミッド**：食物連鎖を構成する生物において，生産者を底辺にして，生物の個体数を栄養段階順に積み重ねたもの。
- **生物量ピラミッド**：食物連鎖を構成する生物において，生産者を底辺にして，生物の生物量を栄養段階順に積み重ねたもの。
- **生態ピラミッド**：個体数ピラミッドや生物量ピラミッドの二つのこと。

範囲外だけど，もっと詳しく知りたい人へ

発展 生産力ピラミッド

各栄養段階の生物が，光合成や捕食によって一定の期間に獲得したエネルギーの量を表したものを**生産力ピラミッド**といいます（下図）。生産力ピラミッドも個体数ピラミッド，生物量ピラミッドと同じく，生態ピラミッドの一つです。

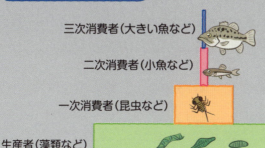

フロリダの湖沼生態系の例

練習問題

次の文章を読み，下の問いに答えよ。

　海岸の岩場には，固着生物を中心とする特有の生態系がみられる。次の図はその一例である。この中のフジツボ，イガイ，カメノテ，イソギンチャクおよび紅藻は固着生物であるが，イボニシ，ヒザラガイ，カサガイおよびヒトデは岩場を動き回って生活している。矢印は食物連鎖におけるエネルギーの流れを表している。

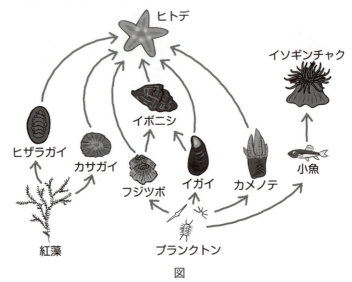

図

問 この生態系において，ヒトデ，紅藻，カサガイがそれぞれ属する栄養段階はどれか。最も適当なものを，次の①～④のうちから一つずつ選べ。

ヒトデ ☐1　　紅藻 ☐2　　カサガイ ☐3

① 生産者　　　　② 一次消費者
③ 二次消費者　　④ 分解者

Theme 23　生態系の成り立ち　259

解答　1　③　　2　①　　3　②

解説

　生産者は，光合成を行う植物や藻類などで，水や二酸化炭素などの無機物から有機物を合成します。紅藻は，藻類であり，光合成を行うので，生産者です。

　消費者は，生産者がつくった有機物を直接あるいは間接的に養分として利用する動物などで，植物を食べる植物食性動物（草食動物）を一次消費者，植物食性動物を食べる動物食性動物（肉食動物）を二次消費者といいます。カサガイは紅藻を捕食しているため一次消費者，ヒトデはそのカサガイを捕食しているため二次消費者です。

> プランクトンは水中で浮遊生活をする生物のことだよ。光合成をする植物プランクトンは生産者，動物プランクトンは消費者だね。

Theme 24 物質循環とエネルギーの流れ

生態系では，炭素や窒素といった物質が循環しています。ここでは，物質の循環と，循環にともなうエネルギーの移動について学習します。

≫ 1. 炭素の循環

共通テストの秘訣！
食物連鎖によって生物から生物へと炭素は移動してゆく！

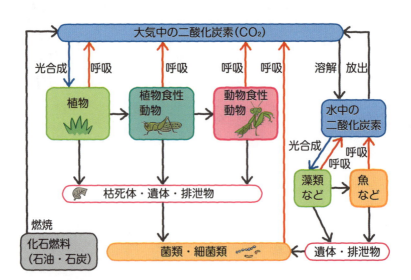

大気中の CO_2 に含まれる炭素（C）は，植物や藻類の光合成によって有機物に取り込まれ，食物連鎖を通して生物間を移動するよ。

炭素（C）は，**タンパク質，炭水化物，脂質，核酸（DNA や RNA）**など，生物体を構成するあらゆる有機物に含まれています。これらに含まれる炭素は，もともと**大気中に二酸化炭素（CO_2）として含まれていた**ものです。

❶ 生産者による二酸化炭素の吸収

　消費者は，無機物である二酸化炭素から有機物をつくることができません。生産者である陸上植物は大気中の二酸化炭素を吸収し，そこに含まれている炭素原子を材料に，光合成によって有機物をつくり出します。なお，水中の生産者である藻類や植物プランクトンは，水中に溶けた二酸化炭素を吸収して光合成を行います。

❷ 生物間の移動

　一次消費者は，植物や藻類などの生産者を食べることで有機物を摂取し，体組織の合成などに利用します。植物の有機物中の炭素は大気中の二酸化炭素に由来するものですから，**一次消費者は生産者を通して間接的に大気中の二酸化炭素を利用している**ことになります。また，一次消費者の有機物は，二次消費者やさらに高次の消費者に利用されます。このように，**大気中に含まれる炭素原子は食物連鎖を通して，生物間を移動します。**

❸ 再び二酸化炭素へ

　生産者や消費者は，体内の有機物を呼吸によって分解し，エネルギーを得ます。その過程で，**有機物は分解され，その中の炭素原子は二酸化炭素として大気中に返っていきます。**また，植物や，それを食べる消費者はやがて死亡します。生産者の枯死体や動物の遺体，あるいは排泄物に含まれる有機物は，菌類や細菌類といった分解者に利用され，やはり二酸化炭素として大気中に返っていきます。こうして，**炭素原子は生態系の中を循環しています。**

>> 2. 窒素の循環

共通テストの秘訣!

窒素も生態系内を循環している。
窒素同化と窒素固定の違いが問われる!

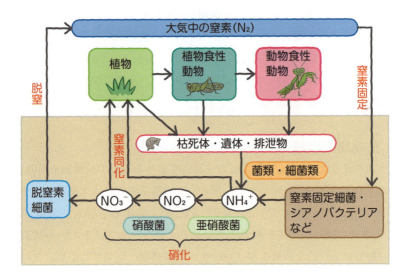

窒素固定ができる生物には，**アゾトバクター，クロストリジウム，根粒菌，ネンジュモ**（シアノバクテリアの一種）などがいるよ。

窒素（N）は，**タンパク質，核酸，ATP，クロロフィル**などに含まれており，生物にとって必要不可欠な元素です。窒素（N）もまた，生態系内を循環していますが，**炭素のように大気中の窒素分子（N_2）を生産者が直接吸収することはできません。**また，呼吸によって大気へと返っていくこともありません。

❶ 窒素同化と窒素固定

植物は，土壌中に存在する**アンモニウムイオン（NH_4^+）や硝酸イオン（NO_3^-）を根から吸収する**ことで，タンパク質や核酸などの**有機窒素化合物**の合成に利用します。これを**窒素同化**といいます。植物が窒素同化によって取り込んだ窒素は，食物連鎖を通して生物間を移動し，やがて枯死体や遺体，排泄物となって土壌にもどります。これらは分解者のはたらきによって再びアンモニウムイオンとなります。

また，アンモニウムイオンは，大気中の窒素から直接，土壌中に供給されることがあります。**大気中の窒素ガス（N_2）をアンモニウムイオンに変えるはたらき**を**窒素固定**といいます。窒素固定は，**アゾトバクター**や**クロストリジウム**，マメ科植物に共生する**根粒菌**などの**窒素固定細菌**や，**ネンジュモ**のようなシアノバクテリアが行います。

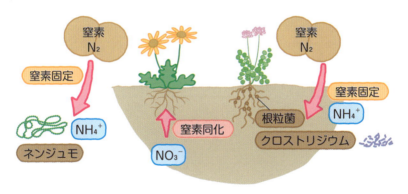

❷ 硝化

　植物は，土壌中のアンモニウムイオンを利用するとともに，硝酸イオンもまた窒素源として利用します。硝酸イオンは，アンモニウムイオンをもとにしてつくられます。アンモニウムイオンの一部が，まずは**亜硝酸菌**のはたらきで亜硝酸イオン（NO_2^-）になり，ついで**硝酸菌**のはたらきによって硝酸イオンとなるのです。**アンモニウムイオンから硝酸イオンがつくられる反応を硝化**といい，亜硝酸菌と硝酸菌を，まとめて**硝化菌**といいます。

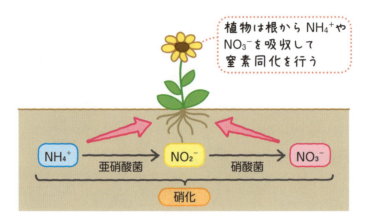

❸ 脱窒

　土壌中の**硝酸イオンや亜硝酸イオンの一部は，窒素ガス（N_2）となって大気中に放出**されます。これは**脱窒**といい，**脱窒素細菌**のはたらきによって行われます。窒素固定と脱窒によって，窒素は大気と土壌の間を循環することになります。

> **補足**
> 空気中の窒素（N_2）は，雷などの空中放電や，化学工場などによっても固定されます。

> **Point!**
>
> | 窒素の循環のまとめ |
>
> - **窒素同化**：植物などが，アンモニウムイオンや硝酸イオンから有機窒素化合物を合成するはたらき。
> - **窒素固定**：大気中の窒素（N_2）からアンモニウムイオン（NH_4^+）をつくるはたらき。**アゾトバクター，クロストリジウム，根粒菌，ネンジュモ**などが行う。
> - **硝化**：土壌中のアンモニウムイオン（NH_4^+）が硝酸イオン（NO_3^-）になる反応。

≫ 3. エネルギーの移動

 共通テストの**秘訣**！

エネルギーは移動するが，循環はしない！

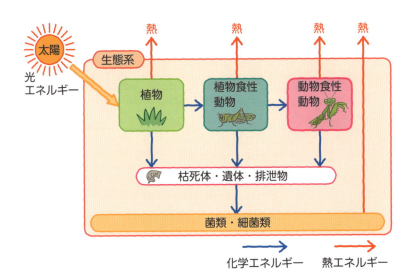

生態系では，炭素や窒素の循環と同時に，エネルギーの移動が起こっています。

植物は光合成によって，太陽の光エネルギーを化学エネルギーとして有機物に蓄えます。有機物に蓄えられた化学エネルギーは，食物連鎖を通して，上位の栄養段階へと移動します。また，枯死体や遺体，排泄物に含まれる化学エネルギーは分解者に利用されます。それぞれの段階で，有機物は呼吸などによって熱エネルギーとなって大気中に放出され，やがて宇宙空間（生態系の外）に出ていきます。したがって，エネルギーは生態系の中を移動するだけで循環はしません。

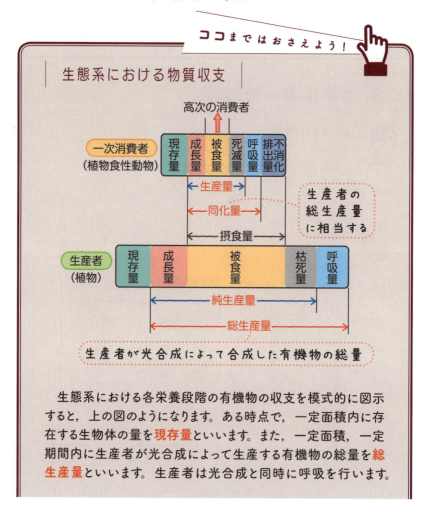

生態系における各栄養段階の有機物の収支を模式的に図示すると，上の図のようになります。ある時点で，一定面積内に存在する生物体の量を現存量といいます。また，一定面積，一定期間内に生産者が光合成によって生産する有機物の総量を総生産量といいます。生産者は光合成と同時に呼吸を行います。

つまり，有機物の合成と消費を並行して行っています。そのため，生産者の純生産量は，総生産量から自らの呼吸量を差し引いたものです。

> 純生産量＝総生産量－呼吸量

成長量は，純生産量から，一次消費者に食べられた量（被食量）と，枯れ落ちたりして失われた量（枯死量）を差し引いたものです。

> 成長量＝純生産量－（被食量＋枯死量）

消費者である動物の同化量は，栄養段階が一段下位の生物を摂食（捕食）した量（摂食量）から，消化・吸収されずに体外に排出された量（不消化排出量）を差し引いたものです。同化量は，生産者の総生産量に相当します。

> 同化量＝摂食量－不消化排出量

消費者の生産量は，同化量から，自らの呼吸量を差し引いたものです。これは，生産者の純生産量に相当します。

> 生産量＝同化量－呼吸量

この生産量から，栄養段階が一段上位の消費者に食べられた量（被食量）と，一部死亡したりして失われた量（死滅量）を差し引いたものが成長量になります。

> 成長量＝生産量－（被食量＋死滅量）

268　Chapter_5　生態系とその保全

練習問題

次の文章を読み，下の問い(**問1・2**)に答えよ。

マメ科植物の根に共生する根粒菌は，大気中の窒素を直接固定して宿主にアンモニウムイオンを与える。一方，宿主は光合成によって合成した糖を根粒菌に与える。

問1　窒素固定に関する記述として**誤っているもの**を次の①〜④のうちから一つ選べ。

① 　マメ科植物は根粒菌の助けがなくても，硝酸イオンがあれば生育できる。

② 　根粒菌はマメ科植物の根粒の中でないと増殖できない。

③ 　クロストリジウムは根粒菌ではないが，窒素固定を行う。

④ 　土壌中には，アゾトバクターがすむ。

問2　窒素循環に関する記述として最も適当なものを，次の①〜④のうちから一つ選べ。

① 　窒素固定細菌は，大気中の窒素を酸化してアンモニアを生成する。

② 　硝化菌は，硝酸イオンから窒素ガスを生成する。

③ 　土壌中には，脱窒素細菌がすむ。

④ 　動物は窒素固定を行う。

解答 問1 ②　　問2 ③

解説

問1　①正しい。マメ科植物は，土壌中にアンモニウムイオン(NH_4^+)や硝酸イオン(NO_3^-)があれば，根粒菌がいなくても生育できます。
　②誤り。根粒菌はもともと土壌中に生息しています。マメ科植物と出会うと，土壌中の環境しだいで根粒を形成し，共生したりします。
　③正しい。クロストリジウムの他に，アゾトバクターやネンジュモなども窒素固定を行います。
　④正しい。アゾトバクターは土壌中にすむ窒素固定細菌です。

問2　①誤り。窒素固定とは，大気中の窒素ガスを還元してアンモニウムイオンを生成することです。
　②誤り。硝酸イオンから窒素ガスを生成するのは脱窒素細菌です。
　③正しい。
　④誤り。窒素ガスからアンモニウムイオンを生成するはたらきを窒素固定といいます。動物や植物は窒素固定を行うことができません。

脱窒素細菌は，土壌中で硝酸イオン(NO_3^-)や亜硝酸イオン(NO_2^-)から窒素ガス(N_2)を生成する脱窒を行うよ。

Theme 25
生態系のバランス

　生態系は，一見するといつも変わらないように思えます。しかし，たとえば，干ばつで植物が少なくなる時期や，バッタが大量発生する年などがあるように，生態系は常に変動しているのです。その変動が一定の範囲内におさまっていれば，生態系の中でバランスがとれた状態が保たれますが，ときにはバランスが崩れてしまうこともあります。Theme 25 では，生態系のバランスについて学習します。

≫ 1. 生態系のバランス

生態系では，小規模なかく乱と復元がくり返されている。

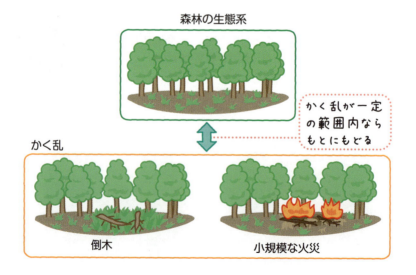

Theme 21で学んだギャップ更新や二次遷移のように、生態系はある程度のかく乱が起こったとしても、時間をかけてもとの状態に戻ります。これを**生態系の復元力**といいます。生態系内では常に小規模なかく乱と回復がくり返されています。このような変動は一定の範囲内に保たれており、これを**生態系のバランス**といいます。ただし、人の手による森林の伐採や宅地造成のような大規模なかく乱は、生態系の復元力を超えてしまうことがあります。すると、生態系のバランスが崩れ、全く別の生態系へと変化してしまいます。

生態系の復元力を超える変動が起こると、生態系のバランスが崩れてしまいます。

生態系のバランスのまとめ　Point!

- **生態系の復元力**：生態系が、いったんかく乱されても、長い年月をかけてもとの状態に戻ること。
- **生態系のバランス**：生態系内で起こるかく乱と回復が、一定の範囲内に保たれていること。

≫ 2. 無機物の流入による水質汚染

> **共通テストの秘訣！**
> 富栄養化は，赤潮やアオコを発生させる！

　窒素（N）やリン（P）などを含む栄養塩類は，水中の生産者である植物プランクトンの成長と増殖に欠かせない物質です。しかし，過剰に存在すると，水中の生態系のバランスは崩れてしまいます。例えば，人間活動によって生じる生活排水や農業肥料などには，大量の栄養塩類が含まれています。これらが湖や海に流入すると，窒素（N）やリン（P）などの無機物が水中に高濃度に蓄積した状態（**富栄養化**）となります。すると，植物プランクトンの増殖力が高まり，**赤潮**や**アオコ**（**水の華**）とよばれる，植物プランクトンの異常発生が引き起こされます。増殖した植物プランクトンは毒素を出したりして，魚や貝などの水中の生物に悪影響を及ぼします。また，プランクトンの遺骸が大量に生じ，**その分解のために多量の酸素が消費され，水中が酸欠状態になり**，水中の生物が窒息して死滅することもあります。

> 富栄養化の原因が無機物である点に注意しよう！

>> 3. 有機物の流入による水質汚染

少しの汚染であれば，自然浄化によって水質は保たれる。

❶ 自然浄化

　生活排水や産業排水など，有機物をふくむ汚染物質が，川や海に流入した場合，流入した量がわずかであれば，多量の水で希釈されたり，分解者によって分解されたりすることで，水質は守られます。また，岩が汚染物質を吸着することもあります。このように，自然の力によって水質が守られる現象を**自然浄化**といいます。

　しかし，大量の汚染物質が流入した場合は，自然浄化の能力を超えてしまいます。すると，栄養塩類などの無機物が増加するとともに，分解者が分解しきれない量の有機物が蓄積して水質が悪化することになります。

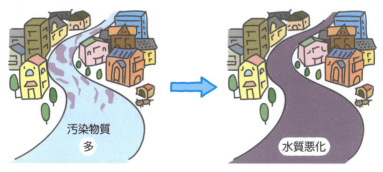

❷ 水質の指標

　水質がどのような状態になっているかを表すための指標の一つに **BOD**（生物学的酸素要求量）があります。BOD は，「水中の有機物が無機物に分解されるまでに必要な酸素の量」です。**この値が大きいほど，水中に有機物が多数存在している**ことになり，**汚染されている**といえます。

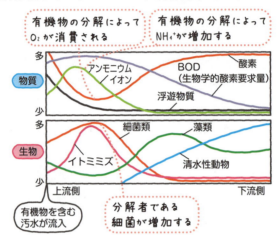

上の図は，自然浄化のようすを表しているよ。有機物の量が多い上流では細菌類やイトミミズが多く見られ，有機物の量が少ない下流では，清水性動物が見られるね。また有機物の分解によって生じた NH_4^+ などの栄養塩類により藻類が増加し，藻類の光合成によって O_2 が増加するよ。

Point!

水質汚染と自然浄化

- **富栄養化**：川や海などにおいて，**窒素（N）やリン（P）** などの**無機物**が蓄積してその濃度が高くなる現象。
- **自然浄化**：川や海に**有機物**などの汚濁物質が流入したとき，多量の水による希釈や分解者による無機物への分解などにより，汚濁物質が減少する作用。

練習問題

次の文章を読み，下の問い(**問1・2**)に答えよ。

沿岸とは，ふつう，海岸から数十キロメートルまでの範囲の海域を指し，漁業や海藻の生産など，水産上の価値が高い場所である。沿岸では陸地から流入した窒素やリンなどの栄養塩類を利用して，植物プランクトンと底生の藻類が ☐1☐ によって有機物を生産し，それが ☐2☐ を経由してさまざまな魚や底生の動物を支えている。沿岸では生物の生産力が高いが，微生物や底生動物の活動が盛んなので，有機物の過度な蓄積は抑えられている。しかし，川から一度に大量の有機物が流入すると，<u>その分解によって環境が悪化し</u>，豊かな動物相が存在できなくなる可能性が高い。

問1 前の文章中の ☐1☐ ・ ☐2☐ に入る語として，最も適当なものはどれか。次の①〜⑧のうちから一つずつ選べ。

① 光合成　　② 窒素固定　　③ 呼　吸　　④ 生産者

⑤ 分解者　　⑥ 競争作用　　⑦ 生態系　　⑧ 食物連鎖

問2 下線部に関する記述として適当なものを，次の①〜⑤のうちから二つ選べ。ただし，解答の順序は問わない。

① 水中や底泥中の酸素が失われ，魚や貝類が死滅する。

② 窒素や硫黄を含む有毒物質や，悪臭のもととなる物質が発生する。

③ 水温が上昇し，海面の水位が高くなる。

④ 栄養塩類が分解され，藻類などの生産者が生育できない。

⑤ 水中に入る紫外線量が増加し，生物の遺伝子に悪影響が出る。

解答

問1　 1 ①　　 2 ⑧

問2　①・②（順不同）

解説

問1　生産者である植物プランクトンや藻類は，光合成によって有機物を生産します。よって 1 は光合成です。また，植物プランクトンは，動物プランクトンに食べられ，動物プランクトンは小型の魚に食べられ，小型の魚は大型の魚に食べられます。このような過程を食物連鎖といいます。よって， 2 は食物連鎖です。

問2　①正しい。大量の有機物が分解される際には，多量の酸素が消費されます。その結果，水中が酸欠状態になり，魚や貝が窒息死してしまうことがあります。

②正しい。有機物が少量で，十分な酸素がある条件下で分解されれば，有害な物質は生じません。しかし，大量の有機物の分解には多量の酸素が必要になります。酸素の不足した条件では，分解の過程で，アンモニアや硫化水素のような悪臭をともなう有毒な物質が生じます。

③誤り。水温の上昇と海面上昇は，地球温暖化が原因だと考えられています。有機物の流入とは無関係です。

④誤り。分解者は有機物を分解するのであって，無機塩類（無機物）は分解しません。

⑤誤り。有機物の流入によって，水が濁り，透明度が低下します。その結果，水中に入る紫外線量は低下します。

自然浄化の範囲を超える量の生活排水や産業排水が流入すると，生態系のバランスがくずれてしまうんだよ。

Theme 26 人間活動と生態系の保全

これまで，人類は**生態系の復元力**を超えない範囲で自然を利用してきました。しかし，近年，科学技術の進歩によって人間活動は急激に拡大し，生態系に大きな影響を与えています。Theme 26 では，人間活動が生態系に及ぼす影響と，生態系の保全の重要性について学習します。

≫ 1. 地球温暖化

地球温暖化のおもな原因は，二酸化炭素の増加。

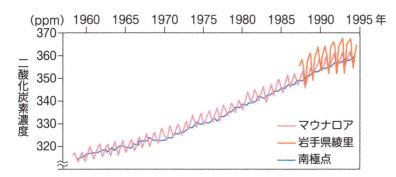

上の図は，約 40 年間の大気中の二酸化炭素濃度の変化を示したグラフです。大気中の二酸化炭素濃度がしだいに増加しているのがわかります。

ノコギリの歯のように増減をくり返しているのは，植物が光合成によって**吸収する CO_2 の量**が，季節によって異なるからだよ。

地球表面から放出される赤外線(熱エネルギー)は通常，大気圏外へ放出されます。しかし，大気中に過剰量の二酸化炭素(CO_2)，メタン，フロン，水蒸気などがあると，赤外線(熱エネルギー)は吸収されます。すると，その一部が再び地表にもどってきて温度を上昇させます。これを温室効果といいます。また，温室効果を引き起こす原因となる気体を温室効果ガスといいます。

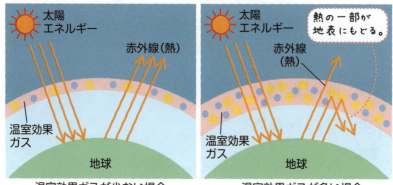

温室効果ガスが少ない場合　　温室効果ガスが多い場合

近年，地球の年平均気温は，少しずつ上昇しています。これは，大気中の二酸化炭素量の増加にともなって温室効果が起きたためだと考えられています。前ページのグラフのように，大気中の CO_2 の濃度は年々増加しています。二酸化炭素が増加した原因は，森林の伐採や化石燃料(石油・石炭)の大量消費などであると考えられています。⇒p.260もチェック！

地球の温暖化は，海水面の上昇による干潟や砂浜の消失，環境の変化による生物の大量絶滅などを引き起こすと危惧されています。たとえば，北極の氷がとけることによって，そこに生息するホッキョクグマはすみかを追われます。また，海水温の上昇によって，サンゴ礁のサンゴは白化現象を起こして死んでしまいます。このように，地球の温暖化は，生態系に多大な影響を及ぼし，地球規模で生態系を変化させてしまうと考えられています。

>> 2. 生物濃縮

> 共通テストの秘訣！
> DDTなどの物質は，より高次の消費者の体内に高濃度に蓄積していく。

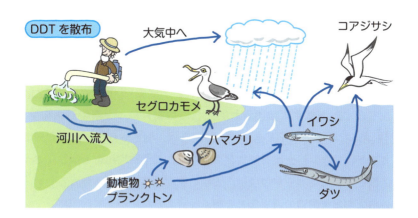

　DDTという物質は，かつて殺虫剤や農薬として使用されていました。DDTは，自然界では分解されにくく，動物の脂肪に蓄積されやすいという性質をもちます。また，体外に排出されにくいため，食物連鎖を通じて高次の消費者の体内に高濃度に蓄積していきます。アメリカやイギリスなどでは，DDTの蓄積によって，一部の鳥類が激減しました。鳥類の体内にDDTが高濃度に蓄積すると，卵の殻が薄くなり，親が温めている間に割れてしまうと考えられています。

　生物に取り込まれた物質が，体内で高濃度に蓄積される現象を**生物濃縮**といいます。生物濃縮は，DDTや**有機水銀**，有機塩素化合物のような，**分解も排出もされにくい物質**を取り込んだ場合に多く起こります。そして，**食物連鎖の過程で，栄養段階の高い消費者に高濃度で蓄積します**。そのため，これらの物質の生物濃縮が進むと，ヒトにも重大な影響をおよぼすのではないかと危惧されています。

>> 3. そのほかの人間活動の影響
❶ 酸性雨

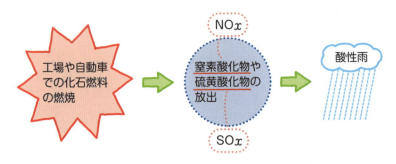

　石油や石炭などの化石燃料を使用すると，**窒素酸化物**や**硫黄酸化物**が生じます。大気中に放出されたこれらの物質は，上空で雨水に溶け，**酸性雨**となって降りそそぎます。酸性雨は，樹木や動物に直接悪影響を与えるだけでなく，土壌を酸性化させたり，湖沼や河川をも酸性化させます。酸性化した土壌や水環境は，生物の生理機能に影響を与えるため，植物の枯死や水生動物の減少などを招くと考えられています。

❷ 外来生物

　外来生物とは，人間によって本来生息している場所から別の場所に運ばれてすみ着くようになった生物です。本来の生態系では，**生態系のバランス**が保たれているため，特定の生物が増えすぎたりすることはありません。しかし，外来生物が入ってくると，外来生物にとっての捕食者（天敵）がいなかったり，在来生物が外来生物に対して防御機構をもたなかったりするため，外来生物は運ばれた先で定着して分布を広げます。その結果，生態系はかく乱され，生物の多様性に影響を与えることになります。日本に移入された外来生物の中で，生態系や人体・農林水産業に影響を及ぼす，あるいはその可能性がある生物は，**特定外来生物**に指定されています。

日本の外来生物の例には、**オオクチバス**, **ブルーギル**, **フイリマングース**, **アメリカザリガニ**, **アライグマ**, セイタカアワダチソウ, セイヨウタンポポなどがあるよ。

❸ 絶滅危惧種

　地球上には、絶滅のおそれのある**絶滅危惧種**が多く存在します。これらの生物は絶滅の危険度によって分類され、リスト化されています。そのリストを**レッドリスト**といいます。また、レッドリストにもとづいて、各絶滅危惧種の分布や生息状況、個体数減少のおもな原因などを記載した本を**レッドデータブック**といいます。これら絶滅危惧種をはじめとする、野生生物をまもる対策が国内外でとられており、国際的な取り組みとしては、国際間取引を規制する**ワシントン条約**などがあります。

> **補足**
> レッドデータブックでは、絶滅危惧ⅠA類や絶滅危惧Ⅱ類などのランク分けがなされている。

❹ 干潟の生態系の保全

　川によって運ばれてきた土砂が堆積し，干潮時に海底が海面上に現れるような場所を干潟といいます。干潟は，陸と海の生態系を結ぶ場所でもあります。干潟には，植物プランクトン・藻類などの生産者，動物プランクトン・貝類・魚類・鳥類などの消費者，細菌類などの分解者といった多種多様な生物種が生息しており，特にシギやチドリなどの渡り鳥にとって，干潟は重要な餌場となっています。また，干潟は，川によって運ばれてきた有機物や栄養塩類を取り除く，高い水質浄化能力をもっています。そのため，干潟が失われると，有機物や栄養塩類が浄化されずに海に流れ込むため，赤潮が発生する原因となります。⇒p.272〜274もチェック！　戦後，日本の干潟の多くが埋め立て工事や干拓によって失われました。干潟の水質浄化作用を維持するためだけでなく，干潟の豊富な生物多様性を維持するためにも，干潟を保全する必要があります。

> 干潟にすむ生物たち

ゴカイを食べるダイゼン　　　　ダイサギ

チゴガニ　　　　　　　　　　　トビハゼ

❺ 里山の生態系の保全

　人里の周辺で，古くから人間によって管理・維持されてきた雑木林や草地，また，田畑，ため池，水路などを含めた一帯を**里山**といいます。里山は，人間の手が入ることで林床が明るくなります。そのため，里山では，遷移の途中段階の森林で優占するコナラやクヌギなど（陽樹）からなる雑木林が維持されています。そこにはカブトムシ，オオクワガタなどが生息しています。また水田やため池はタガメ，ゲンゴロウ，トンボなどのすみかとなり，水路にはメダカやドジョウなどが生息します。このように，里山には多種多様な生物が生息しています。

　里山は人間によるおだやかなかく乱によって維持されてきました。しかし，近年，手入れされない雑木林の遷移が進んでいます。また，田畑の減少や水路のコンクリートによる補修が進み，里山に生息する多くの生物がそのすみかを失いつつあります。近年，人間と自然が持続的に共生するシステムとして，里山の生態系が見直されるようになり，各地で里山を保全する取り組みがなされています。

里山にすむ生物たち

カブトムシ　　　　　オニヤンマ

タガメ　　　　　　　メダカ

≫ 4. 生物の多様性

生物の多様性を維持することが大切!

　生態系は,さまざまな動植物や微生物と,それを取り囲む自然環境からなります。そのため,ある生物が絶滅したり,極端に個体数が減少したりしたとき,どのような変化が生態系に生じるのか予測するのは困難です。生態系の一員として,人間が生活を維持していくためには,生態系を構成する多様な生物種を保全する必要があります。

　生物間にみられる多様さを**生物多様性**といいます。生物の多様性を維持するため,**生物多様性条約**という国際条約が結ばれており,日本もこの条約に参加しています。私たちは生物の多様性の重要性を認識し,生態系を保全していく必要があるのです。

多様な生物が存在することで,生態系のバランスは保たれているんだよ。
生物多様性を守ることは,人間の生活を守ること!

ココまではおさえよう!

生態系の保全と取り組み

- **ラムサール条約**:渡り鳥の繁殖地や中継地となる湿地の保全・利用が目的。
- **外来生物法**:外来生物の侵入と生息域の拡大を防ぎ,在来の生態系を保護することが目的。
- **ワシントン条約,種の保存法**:希少動植物種の保護と,それらが生息する生態系を保護することが目的。

> 範囲外だけど，もっと詳しく知りたい人へ

発展　生物多様性のとらえ方

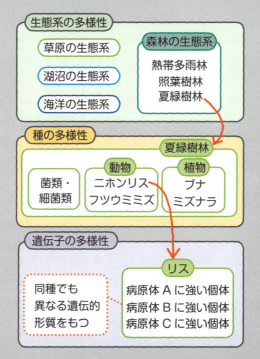

　生物多様性には，**生態系の多様性・種の多様性・遺伝子の多様性**という三つのとらえ方があります。
　生物は，同じ種であっても個体ごとに遺伝子が異なります。そのため，個体ごとにその性質も異なってきます。これを**遺伝子の多様性**といいます。また生態系には，植物・動物・菌類・細菌類といったさまざまな生物が含まれています。このような，生態系における種の多様さを**種の多様性**といいます。地球上には，森林・草原・湖沼・河川・海洋・干潟などさまざまな生態系が存在しています。さらに，森林の生態系でも気候によって，熱帯多雨林・照葉樹林・夏緑樹林・針葉樹林などのさまざまな違いがあります。このように，さまざまな環境に対応して多様な生態系が存在することを，**生態系の多様性**といいます。

人間活動と生態系の保全

Point!

- **地球温暖化**：化石燃料の大量消費や森林の減少により，CO_2 のような**温室効果ガス**が増えたため，引き起こされたと考えられている。

- **生物濃縮**：分解されにくく，生体内に蓄積しやすい物質を生物が取り込んだ場合に，より高濃度で高次の消費者に蓄積していく現象。

- **酸性雨**：工場や自動車から放出された**窒素酸化物**や**硫黄酸化物**が，**硝酸**や**硫酸**に変わり，上空で雨水に溶けると，**酸性雨**になる。

- **絶滅危惧種**：絶滅のおそれのある生物。

- **レッドリスト，レッドデータブック**：絶滅の危機に瀕している生物を，その危険度ごとに分けてリストにまとめたものを**レッドリスト**という。レッドリストの各生物の具体的な分布や生息状況，生息を脅かす要因などは**レッドデータブック**に記載されている。

- **生物多様性**：地球上には，さまざまな種が存在する。また，同じ種内においても遺伝子レベルでは違いがあり，生物は多様である。

Theme 26 人間活動と生態系の保全 287

練習問題

人間活動と生態系に関する下の問いに答えよ。

問 自然界では，生態系のバランスが保たれている。しかし，人間活動に
よって，さまざまな問題が生じている。人間活動**ア～ウ**と，結果として
生じる問題**a～d**の組合せとして最も適当なものを，以下の①～⑧の
うちから一つ選べ。

（人間活動）
ア 重金属や DDT などの有害物質の排出
イ 化学肥料の過度の使用
ウ 工場排煙や自動車の排出ガス

（結果として生じる問題）
a 酸性雨によって，動植物の多様性が失われる。
b 食物連鎖を通じて生物体内に濃縮され，人体にも被害をもたらす。
c オゾンホールを発生させて地球温暖化をもたらす。
d 河川や湖沼における生産力を高め，富栄養化をもたらす。

	ア	イ	ウ
①	b	a	c
②	b	a	d
③	b	d	a
④	b	d	c
⑤	d	b	a
⑥	d	b	c
⑦	d	c	a
⑧	d	c	b

> **解答** ③

> **解説**

ア 重金属やDDTなどのように，分解されにくく，蓄積しやすい物質を生物が体内に取り込んだ場合，食物連鎖の過程で濃縮され，栄養段階の高い消費者により高濃度で蓄積します。この現象を生物濃縮といいます。生物濃縮は野外の生物だけでなく，人間でも起こる可能性があります。生物濃縮によって重金属などが高濃度に蓄積した魚などを食べ続けると，人間にも悪影響が生じる危険性があります。

イ 栄養塩類を多く含んだ化学肥料は，付近の河川や湖沼へ流入し，富栄養化を引き起こします。多量の栄養塩類によって植物プランクトンが異常発生し，赤潮やアオコ（水の華）が発生します。

ウ 工場などの排煙や自動車の排気ガスに含まれる窒素酸化物や硫黄酸化物は上空で雨水に溶け，酸性雨となって降り注ぎます。酸性雨は土壌や湖沼，河川の酸性化を引き起こし，多くの動植物の生育に悪影響を及ぼすと考えられています。

> 私たちは生態系のおかげでさまざまな利益を得ているよ。これを生態系サービスというんだ。
> これからも持続的に生態系サービスを受けるためには，生態系を保全する必要があるね。

Index さくいん

あ

rRNA ·········· 99
RNA ·········· 93
RNA 合成酵素 ·········· 96
RNA ポリメラーゼ ·········· 96
アオコ ·········· 272
赤潮 ·········· 272
亜高山帯 ·········· 242
亜高木層 ·········· 212
亜硝酸菌 ·········· 264
アセチルコリン ·········· 150
アデニン（A） ·········· 70
アドレナリン ·········· 175
アナフィラキシーショック ·········· 206
亜熱帯多雨林 ·········· 236, 242
アミノ酸 ·········· 90
アルブミン ·········· 140
アレルギー ·········· 206
アレルゲン ·········· 206
アンチコドン ·········· 100
アントシアン ·········· 27
アンモニア ·········· 140
アンモニウムイオン（NH$_4^+$） ·········· 263

い

硫黄酸化物 ·········· 280
異化 ·········· 49
Ⅰ型糖尿病 ·········· 169
一次構造 ·········· 92
一次消費者 ·········· 250
一次遷移 ·········· 223
遺伝 ·········· 21
遺伝暗号 ·········· 99
遺伝子 ·········· 107
遺伝情報 ·········· 70
陰樹 ·········· 225
インスリン ·········· 164
陰生植物 ·········· 217

イントロン ·········· 96
インフルエンザ ·········· 22
陰葉 ·········· 218

う

ウィルキンス ·········· 72
ウイルス ·········· 22, 38
ウラシル（U） ·········· 93
雨緑樹林 ·········· 237
運搬 RNA ·········· 99

え

エイズ（AIDS, 後天性免疫不全症候群） ·········· 22, 205, 206
HIV（ヒト免疫不全ウイルス） ·········· 206
エイブリー ·········· 72
栄養段階 ·········· 255
ATP（アデノシン三リン酸） ·········· 50
ADP（アデノシン二リン酸） ·········· 50, 51
エキソン ·········· 96
液胞 ·········· 27
液胞膜 ·········· 27
S 期 ·········· 79
NK 細胞 ·········· 194
mRNA ·········· 97
M 期 ·········· 79
塩基 ·········· 70
延髄 ·········· 147
塩類細胞 ·········· 184

お

お花畑 ·········· 243
温室効果 ·········· 278
温室効果ガス ·········· 278

か

ガードン ·········· 110

外呼吸 ·········· 58
階層構造 ·········· 212
解糖系 ·········· 61
外分泌腺 ·········· 156
開放血管系 ·········· 129
外来生物 ·········· 280
化学エネルギー ·········· 266
化学的防御 ·········· 190
核 ·········· 24, 25, 32
角質層 ·········· 189
獲得免疫 ·········· 196
核分裂 ·········· 83
核膜 ·········· 25
カタラーゼ ·········· 52
花粉症 ·········· 206
夏緑樹林 ·········· 238, 242
間期 ·········· 79, 83
環境形成作用 ·········· 249
肝小葉 ·········· 138
乾性遷移 ·········· 223
関節リウマチ ·········· 206
肝臓 ·········· 137
間脳 ·········· 147, 148
肝門脈 ·········· 138

き

キーストーン種 ·········· 254
キイロショウジョウバエ ·········· 113
記憶細胞 ·········· 203
基質 ·········· 54
基質特異性 ·········· 54
ギャップ ·········· 227
ギャップ更新 ·········· 227
丘陵帯（低地帯） ·········· 242
共生説 ·········· 66
胸腺 ·········· 192
極相（クライマックス） ·········· 225
極相樹種 ·········· 225
極相林 ·········· 225
キラー T 細胞 ·········· 200

く

グアニン（G）	70
クエン酸回路	61
グラナ	60
グリコーゲン	138
クリスタリン	90
クリステ	61
クリック	71, 72
グリフィス	72
グルカゴン	166
グルコース	139
クローン	111
グロブリン	140
クロロフィル	26, 30

け

形質転換	72
系統	19
系統樹	18, 19
血液	121
血液凝固	133
血しょう	124
血小板	124
血清	134
血清療法	204
血糖	139, 164
血ぺい	133, 134
ゲノム	73, 105
原核細胞	29
原核生物	29
嫌気性細菌	66
原形質流動	27
減数分裂	73, 78
現存量	266
原尿	144
顕微鏡	43

こ

高エネルギーリン酸結合	51
交感神経	149, 152
後期	83
好気性細菌	66

抗血清	204
抗原	197
荒原	213, 239
抗原抗体反応	197
抗原提示	199
光合成	50, 56
光合成速度	215
硬骨魚類	183
高山草原	243
高山帯	242, 243
鉱質コルチコイド	181
恒常性	22, 121
甲状腺	157, 160
甲状腺刺激ホルモン	160
酵素	52, 90
抗体	90
抗体産生細胞	199
好中球	123, 193
酵母菌	30
高木層	212
後葉	159
硬葉樹林	237
呼吸	50
呼吸速度	215
呼吸量	267
枯死量	267
個体数ピラミッド	255
骨髄	122
コドン	99
コラーゲン	90
ゴルジ体	32
混交林	225
根粒菌	263

さ

再吸収	144
細菌類	30
最適温度	54
最適 pH	54
細尿管（腎細管）	143, 181
細胞	20, 23
細胞液	27

細胞質	24
細胞質基質	24, 27
細胞質分裂	83
細胞質流動	27
細胞周期	79
細胞小器官	24
細胞性免疫	200
細胞内共生	64
細胞板	83
細胞壁	24, 27
細胞膜	24, 26
酢酸オルセイン	25
酢酸カーミン	25
鎖骨下静脈	122
里山	283
砂漠	213, 239
サバンナ	213, 239
作用	249
三次構造	92
酸性雨	280
酸素解離曲線	132
酸素ヘモグロビン	131
山地帯	242

し

シアノバクテリア	30, 66
G_2 期	79
G_1 期	79
糸球体	143
軸索	150
自己免疫疾患（自己免疫病）	206
視床下部	148, 159
自然浄化	273
自然免疫	188, 193
湿性遷移	223
自動性	128
シトシン（C）	70
シナプス	150
シャルガフ	72
種	18
終期	83

集合管	180
収縮胞	182
樹状細胞	193, 194
受容体	155
シュライデン	31
シュワン	31
循環系	126
純生産量	267
硝化	264
消化酵素	52
硝酸イオン（NO₃⁻）	263
硝酸菌	264
小脳	147
消費者	250
小胞体	32
静脈	127, 130
静脈血	127
照葉樹林	236
常緑広葉樹林	235
食細胞	123, 188
食作用	123
植生	210
触媒	51
植物細胞	23
食物網	252
食物連鎖	252
自律神経系	147
進化	19
真核細胞	24
真核生物	24
神経系	147
神経伝達物質	150
神経分泌	159
神経分泌細胞	159
腎小体（マルピーギ小体）	143
腎臓	142
腎単位（ネフロン）	143
針葉樹林	238
森林	211
森林限界	243

す

すい臓	157
垂直分布	242
水平分布	241
ステップ	213, 239
ストロマ	60
スプライシング	96

せ

生活形	214
生産者	250
生産量	266
生産力ピラミッド	257
生態系	249
生態系サービス	288
生態系のバランス	271
生態系の復元力	271
生体触媒	52
生態ピラミッド	256
生体膜	26
成長量	267
生物群系	232
生物多様性	284
生物多様性条約	284
生物的環境	249
生物濃縮	279
生物量	256
生物量ピラミッド	256
赤外線	278
接眼ミクロメーター	45
赤血球	123
絶滅危惧種	281
セルロース	27
腺	156
遷移	223
前期	83
先駆樹種	224
先駆植物	223
染色体	25, 77
セントラルドグマ	94
繊毛	190
線溶	133

前葉 ⋯⋯ 159

そ

相観	210
造血幹細胞	192
草原	213, 239
総生産量	266
相同染色体	73
草本層	212
組織液	121, 122

た

体液	121
体液性免疫	197
体外環境	120
体細胞分裂	78
代謝	21, 49
体循環	127
大腸菌	30
体内環境	121
大脳	147
対物ミクロメーター	46
だ腺染色体	113
脱窒	264
脱窒素細菌	264
胆管	138
単球	194
炭酸同化	57
胆汁	141
タンパク質	89

ち

チェイス	72
地球温暖化	277
地中層	212
窒素ガス（N₂）	264
窒素固定	263
窒素固定細菌	263
窒素酸化物	280
窒素同化	263
チミン（T）	70
中期	83

中心静脈……………… 138
中心体……………… 32, 85
中枢神経系……………… 147
中脳……………… 147
チラコイド……………… 60
チロキシン……………… 160, 175

つ
ツンドラ……………… 213, 240

て
tRNA ……………… 99
DNA（デオキシリボ核酸）
……………… 21, 70
T細胞……………… 196
T₂ファージ ……………… 72
DDT……………… 279
低血糖症……………… 168
低木層……………… 212
デオキシリボース……… 70
転移RNA……………… 99
電子顕微鏡……………… 32
電子伝達系……………… 61
転写……………… 95
伝令RNA……………… 97

と
糖……………… 70
同化……………… 49
同化量……………… 267
糖質コルチコイド……… 175
糖尿病……………… 169
動物細胞……………… 23
洞房結節……………… 128
動脈……………… 127, 130
動脈血……………… 127
特定外来生物……………… 280
トロンビン……………… 134

な
内皮……………… 130
内分泌系……………… 154

内分泌腺……………… 156
ナチュラルキラー細胞（NK細胞）
……………… 194

に
Ⅱ型糖尿病……………… 170
二次応答……………… 203
二次構造……………… 92
二次消費者……………… 250
二次遷移……………… 228
二重らせん構造……………… 71
乳酸菌……………… 30
尿素……………… 140

ぬ
ヌクレオチド……………… 70

ね
熱エネルギー……………… 266
熱帯多雨林……………… 235
粘液……………… 190
ネンジュモ……………… 30
粘膜……………… 190

の
脳下垂体……………… 157, 159
ノルアドレナリン……………… 150

は
ハーシー……………… 72
パイオニア植物……………… 223
肺炎球菌……………… 72
バイオーム……………… 232, 235
肺循環……………… 127
バソプレシン……………… 180
白血球……………… 123
パフ……………… 114
反作用……………… 249

ひ
BOD……………… 274
B細胞……………… 196, 197

干潟……………… 282
光エネルギー……………… 266
光飽和点……………… 215
光補償点……………… 215
被食量……………… 267
非生物的環境……………… 249
標的器官……………… 155
標的細胞……………… 155
日和見感染……………… 206
ビリルビン……………… 141

ふ
フィードバック……………… 160
フィブリノーゲン……………… 134
フィブリン……………… 133, 134
フィブリン溶解……………… 133
フィルヒョー……………… 31
富栄養化……………… 272
副交感神経……………… 149, 152
副甲状腺……………… 157
副腎……………… 157
腐植……………… 224
腐食連鎖……………… 252
フック……………… 31
物理的防御……………… 190
フランクリン……………… 72
プロトロンビン……………… 134
分化……………… 109
分解者……………… 250
分解能……………… 36
分裂期……………… 79

へ
閉鎖血管系……………… 127, 129
ペースメーカー……………… 128, 151
ペクチン……………… 27
ペプチド……………… 92
ペプチド結合……………… 91
ヘモグロビン…… 90, 123, 131
ヘルパーT細胞 ……………… 199
弁……………… 128, 130

ほ

ボーマンのう ……………… 143
母細胞 …………………………… 78
ホメオスタシス …………… 121
ポリペプチド …………………… 92
ホルモン ……………… 90, 154
翻訳 ………………………………… 97

ま

マクロファージ …………… 194
末しょう神経系 …………… 147
マトリックス …………………… 61
マングローブ ……………… 236

み

見かけの光合成速度 ……… 215
水の華 …………………………… 272
ミトコンドリア
　　…………… 25, 32, 38, 61, 65, 66

む

娘細胞 …………………………… 78

め

免疫 ……………………………… 188
免疫寛容 ……………………… 206
免疫記憶 ……………………… 203
免疫グロブリン ……… 90, 199
メンデル ………………………… 72

も

毛細血管 ……………………… 130

ゆ

有機窒素化合物 …………… 263
優占種 ………………………… 211
ユレモ …………………………… 30

よ

陽樹 ……………………………… 224
陽生植物 ……………………… 217
陽葉 ……………………………… 218

葉緑体 ……… 26, 32, 60, 65, 66
四次構造 ………………………… 92
予防接種 ……………………… 204

ら

落葉広葉樹林 ……………… 237
裸地 …………………………… 223
ランゲルハンス島 ………… 157
ランゲルハンス島の A 細胞
　　……………………………… 166
ランゲルハンス島の B 細胞
　　……………………………… 164

り

リソソーム ……………………… 32
リゾチーム …………………… 190
リボース ………………………… 93
リボソーム ……………………… 32
リボソーム RNA …………… 99
流動モザイクモデル ………… 26
林冠 …………………………… 212
リン酸 …………………………… 70
リン脂質 ………………………… 26
林床 …………………………… 212
リンパ液 ……………… 121, 122
リンパ球 ……………………… 122

れ

レーウェンフック …………… 31
レッドデータブック ……… 281
レッドリスト ………………… 281

ろ

ろ過 …………………………… 144

わ

ワクチン ……………………… 204
ワシントン条約 …………… 281
ワトソン ………………… 71, 72

Memo

きめる！　共通テスト生物基礎

staff

監　　　　修	赤坂甲治
カバーデザイン	野条友史（BALCOLONY）
本文デザイン	石松あや，石川愛子
	（しまりすデザインセンター）
巻頭特集デザイン	宮嶋章文
図 版 作 成	有限会社 熊アート
図 版 協 力	林一六
キャラクターイラスト	こさかいずみ
写　　　　真	株式会社 フォトライブラリー
企 画 編 集	小椋恵梨
編 集 協 力	高木直子，平山寛之，江川信恵
	一ノ瀬夏野，樋口亨，大塚尭慶
	鈴木瑞人，田中涼介
データ作成	株式会社 四国写研
印 刷 所	株式会社 広済堂ネクスト

読者アンケートご協力のお願い
※アンケートは予告なく終了する場合がございます。

この度は弊社商品をお買い上げいただき，誠にありがとうございます。本書に関するアンケートにご協力ください。右のQRコードから，アンケートフォームにアクセスすることができます。ご協力いただいた方のなかから抽選でギフト券（500円分）をプレゼントさせていただきます。

アンケート番号：　305188

Gakken

BB

きめる！ *KIMERU SERIES*

［別冊］
生物基礎 Basic Biology

要点集

この別冊は取り外せます。矢印の方向にゆっくり引っぱってください。→

contents
もくじ

Chapter **1** 生物の特徴 ………………………………………… 2

Chapter **2** 遺伝子とそのはたらき ……………………… 10

Chapter **3** 生物の体内環境 …………………………………… 18

Chapter **4** 植生の多様性と分布 ………………………… 32

Chapter **5** 生態系とその保全 ……………………………… 39

Chapter 1 生物の特徴

>> 生物の多様性と共通性

> **生物に見られる共通性** Point!
>
> 地球上に存在する生物は多種多様であるが，**細胞・代謝・DNA・体内環境の維持**といった共通性がみられる。

>> 細胞

[真核細胞のつくり]

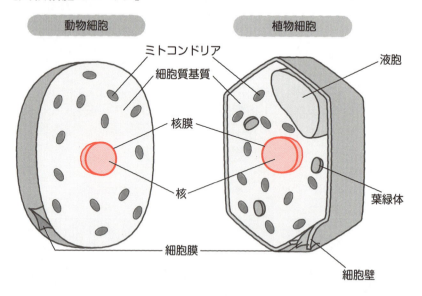

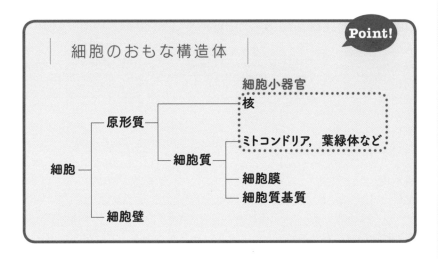

[細胞小器官や構造体]

細胞小器官や構造体

- 核：核膜に包まれた球形の構造体。内部に**染色体**をもつ。
- ミトコンドリア：**呼吸**により，有機物からエネルギーを取り出す。
- 葉緑体：**クロロフィル**を含み，**光合成**を行い二酸化炭素と水から有機物を合成する。
- 細胞膜：細胞の内と外を仕切り，細胞内外の物質のやり取りを調節する。
- 細胞質基質：細胞質において，細胞小器官の間を満たす液状の部分。さまざまな化学反応の場となっている。
- 液胞：老廃物の貯蔵を行う。また，細胞内の水分や物質の濃度を調節する。
- 細胞壁：植物細胞の細胞膜の外側にあり，細胞の保護や形の保持を行う。**セルロース**が主成分。

[真核細胞と原核細胞のちがい]

細胞 構造体	真核細胞		原核細胞
	植物	動物	
DNA	+	+	+
細胞膜	+	+	+
細胞質基質	+	+	+
細胞壁	+	−	+
核（核膜）	+	+	−
ミトコンドリア	+	+	−
葉緑体	+	−	−
液胞	+	△ 注)	−

＋…存在する　　－…存在しない

注）動物細胞にも液胞がみられることはあるが，発達していない。

[細胞に関する研究者]

・**フック**…コルクの小片を顕微鏡で観察し，小さな部屋のような仕切られた空間を発見しました。そして，その小部屋を「細胞」と名づけました。このときフックが観察したものは，実際には細胞壁でした。

・**レーウェンフック**…細菌などの微生物を発見しました。また，精子や赤血球の観察も行いました。

・**シュライデン**…植物のからだは細胞からできているという，植物の**細胞説**を唱えました。

・**シュワン**…動物のからだは細胞からできているという，動物の**細胞説**を唱えました。

・**フィルヒョー**…「すべての細胞は細胞から生じる」という考え方を唱え，細胞は生物体の構造とはたらきの単位であるという考え方を広く定着させました。

>> 細胞や構造体の大きさ

［長さの単位］
1 km ＝1000 m
1 m ＝1000 mm（ミリメートル）
1 mm＝1000 μm（マイクロメートル）
1 μm＝1000 nm（ナノメートル）

［分解能］
肉眼：およそ **0.1 mm**（100 μm）
光学顕微鏡：およそ **0.2 μm**（200 nm）
電子顕微鏡：およそ **0.2 nm**

［細胞や細胞小器官の大きさ］

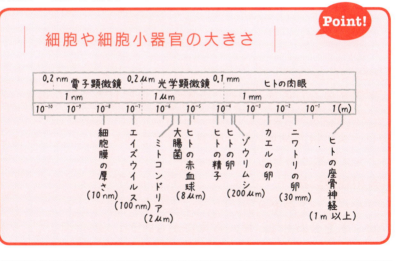

>> 顕微鏡

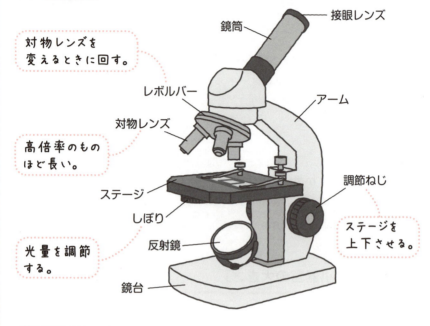

[顕微鏡の操作法]
① 顕微鏡のもち運びと設置…顕微鏡は，**直射日光の当たらない**明るく水平な机の上に置く。
② レンズの取り付け…先に接眼レンズを取り付け，次に対物レンズを取り付ける。
③ 反射鏡の調節
④ プレパラートのセット
⑤ ピントを合わせる…横から見ながら調節ねじをまわす。次に，接眼レンズをのぞきながら調節ねじをまわして，**プレパラートと対物レンズを少しずつ遠ざけながらピントを合わせる**。
⑥ しぼりの調節
⑦ 倍率の調節…はじめは視野の広い低倍率で観察し，必要に応じてレボルバーを回転させて適当な倍率に変える。

　　顕微鏡の倍率＝（接眼レンズの倍率）×（対物レンズの倍率）

[低倍率と高倍率の違い]

	低倍率	高倍率
・対物レンズの長さ	短い	長い
・使用する反射鏡	平面鏡	凹面鏡
・視野の明るさ	明るい	暗い
・視野の広さ	広い	狭い
・焦点深度(ピントが合う範囲)	大きい(広い)	小さい(狭い)

ピントを合わせ易い。

>> エネルギーと代謝

Point!

| 代謝のまとめ |

・**代謝**：生体内で行われる化学反応。

・**同化**：エネルギーを利用して単純な物質から複雑な物質を合成する過程。例光合成

・**異化**：複雑な物質を単純な物質に分解してエネルギーを取り出す過程。例呼吸

・**ATP**(**アデノシン三リン酸**)：代謝に伴うエネルギーの受け渡しの仲立ちをするエネルギーの通貨。

$$ATP \rightleftharpoons ADP + リン酸 + エネルギー$$

・**触媒**：化学反応の前後でそれ自体は変化せず，化学反応を促進する物質。

・**酵素**：生体内の化学反応を促進する生体触媒。タンパク質でできており，細胞内で合成される。

[ATPのはたらき]

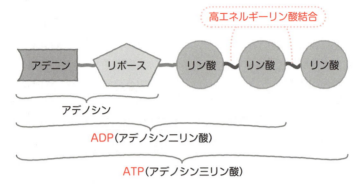

>> 光合成と呼吸
[光合成のしくみ]

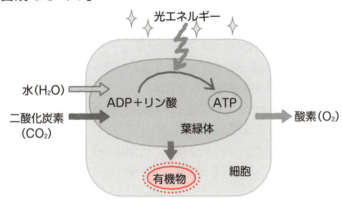

Point!

| 光合成全体の反応 |

光エネルギー
↓
二酸化炭素 ＋ 水 → 有機物 ＋ 酸素
(CO_2)　　(H_2O)　　　　　　　(O_2)

[呼吸のしくみ]

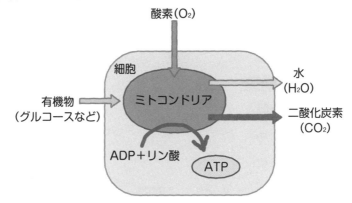

| 呼吸全体の反応 | Point!

有機物 ＋ 酸素 ⟶ 二酸化炭素 ＋ 水 ＋ ATP
($C_6H_{12}O_6$) (O_2)　　　(CO_2)　　(H_2O)

≫ ミトコンドリアと葉緑体

| 共生説のまとめ | Point!

◎共生説
・好気性細菌がミトコンドリアの起源。
・シアノバクテリアが葉緑体の起源。

◎共生説の根拠
・ミトコンドリアと葉緑体は独自のDNAをもつ。
・ミトコンドリアと葉緑体は、それぞれ分裂によって増殖する。

Chapter 2
遺伝子とそのはたらき

>> DNAの構造

[DNAの構成単位]

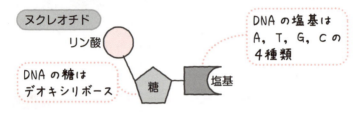

[DNAの構造]

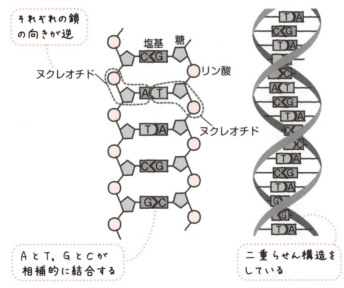

≫ 遺伝情報の分配

[DNAと染色体]

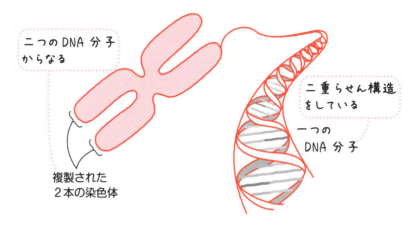

- 二つのDNA分子からなる
- 複製された2本の染色体
- 二重らせん構造をしている
- 一つのDNA分子

[体細胞分裂と減数分裂]

> **細胞分裂**　Point!
>
> - **体細胞分裂**…分裂の前後で染色体数は変化しない。
> - **減数分裂**…分裂によって生じた生殖細胞の染色体数は，母細胞の半分になる。

[細胞周期]

> **細胞周期**　Point!
>
> - 細胞周期は間期（G_1期・S期・G_2期）と分裂期（前期・中期・後期・終期）に分けられる。
> - DNAはS期に複製される。

[体細胞分裂のしくみ]

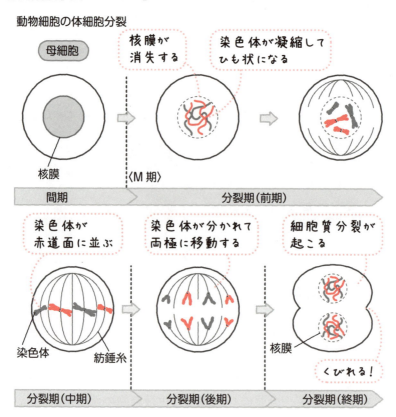

Point!

細胞分裂のまとめ

- **細胞周期**：体細胞分裂をくり返す細胞において，分裂が終わってから次の分裂が終わるまでの期間。間期と分裂期（M期）に分けられる。

- **間期**：分裂期が終わってから，次の分裂期が始まるまでの間。間期はさらに，G_1期，S期，G_2期の三つに分けられる。S期にはDNAが複製される。染色体は核内に分散している。

- **分裂期（M期）**：細胞分裂が起きている時期。染色体が観察される。核や染色体の形態などによって前期・中期・後期・終期の四つに分けられる。

- **前期**：核膜が消失し，凝縮してひも状になった染色体が観察される。

- **中期**：棒状の染色体が細胞の赤道面に並ぶ。

- **後期**：各染色体が二つに分離し，紡錘糸に引かれて両極に移動する。

- **終期**：再び核膜が現れ，染色体は分散して，核膜に包まれる。細胞質分裂が起こる。

- **細胞質分裂**：動物細胞では，赤道付近の細胞膜がくびれる。植物細胞では，赤道面に細胞板が形成される。

≫ 遺伝情報の発現

[RNAの構造]

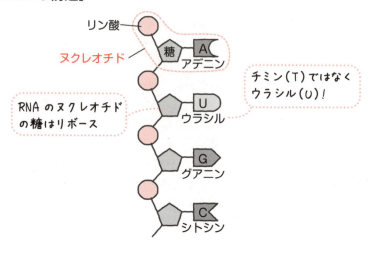

[転写]

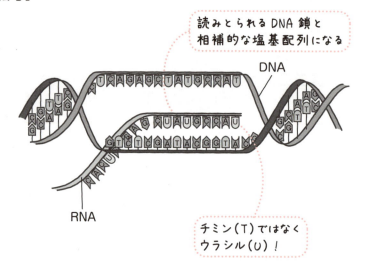

［翻訳］

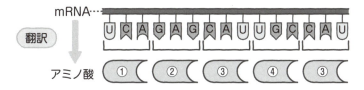

［遺伝情報の発現のまとめ］

> **Point!**
>
> | 遺伝情報の発現 |
>
> - **タンパク質**：多数の**アミノ酸**が鎖状につながった分子。その種類は，アミノ酸の種類・総数・配列順序によって決まる。
> - **RNA**：RNAを構成するヌクレオチドの糖は**リボース**であり，塩基はアデニン（A），**ウラシル（U）**，グアニン（G），シトシン（C）の4種類である。
> - **セントラルドグマ**：遺伝情報は，DNA → RNA →**タンパク質**へと一方向に伝達されるとする考え。
> - **転写**：DNAの塩基配列がRNAに写し取られる過程。
>   ① DNAの2本のヌクレオチド鎖のうち，一方のヌクレオチド鎖のみが写し取られる。
>   ② DNA全体ではなく，DNAの特定の部分だけが写し取られる。
> - **翻訳**：DNAの塩基配列を写し取ったmRNAの塩基配列にしたがって，タンパク質が合成される過程。mRNAの連続する塩基3個の配列が，1個のアミノ酸を指定する。

>> 遺伝子とゲノム

| 遺伝子とゲノム | Point!

- **ゲノム**：その生物が個体として生命活動を営むのに必要な最小限の遺伝情報の1セット。
- **ゲノムサイズ**：ゲノムの大きさのこと。ゲノムサイズは，ふつうDNAの塩基対の数で表される。ヒトゲノムを構成するDNAは約30億塩基対からなり，その中に約2万個の遺伝子が含まれている。
- **遺伝子**：さまざまな意味をもつが，ここではタンパク質のアミノ酸配列の情報をもったDNA上の領域を指す。遺伝子が転写・翻訳されてタンパク質が合成されることを「遺伝子が発現する」という。
- **ヒトのゲノム**：ヒトゲノムを構成するDNAのすべての塩基配列が遺伝子としてはたらいているわけではなく，遺伝子はDNA上にとびとびに存在している。ヒトゲノムのうちタンパク質の情報をもつ部分は，DNAの塩基配列全体の約1～2％程度にすぎないと考えられている。

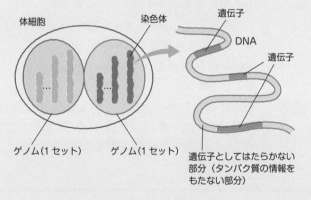

[細胞の分化と核移植]

細胞が分化するしくみ　Point!

・キイロショウジョウバエやユスリカのだ腺染色体の観察：

①パフでは，そこに含まれる遺伝子が転写され，mRNAが合成されている。

②パフが形成される部分とそうでない部分があることから，発現している遺伝子と，発現していない遺伝子があることがわかる。

・分化した細胞の遺伝情報：

①多細胞生物の個体を形成している体細胞は基本的にすべて同じ遺伝情報，すなわち同じゲノムをもっている。

②分化した細胞では，すべての遺伝子が常にはたらいているわけではない。

③分化した細胞では，細胞ごとに異なる遺伝子が発現している。

Chapter 3
生物の体内環境

>> 体液とその循環
[体内環境のまとめ]

> **Point!**
>
> | 体液と恒常性 |
>
> - **体内環境**：細胞にとって，直接触れる体液は，一種の環境である。体液のことを体内環境という。
> - **恒常性（ホメオスタシス）**：体外環境が変化しても，体液の状態を常に一定の範囲内に保とうとする性質。
> - **体液**：血液・組織液・リンパ液の三つに分けられる。
> - **血液**：血管内を流れる体液で，有形成分である赤血球・白血球・血小板と，液体成分である血しょうからなる。
>
>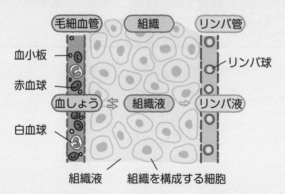
>
> | 名称 | 核 | 直径 | 数(/mm³) | はたらき |
> |---|---|---|---|---|
> | 赤血球 | 無 | 8μm | 450万～500万 | 酸素の運搬 |
> | 白血球 | 有 | 5～20μm | 4000～9000 | 免疫 |
> | 血小板 | 無 | 2～4μm | 20万～40万 | 血液凝固 |

- **組織液**：血液の液体成分である血しょうが，**毛細血管**からしみ出したもの。大部分は，再び毛細血管内に戻るが，一部はリンパ管内に入ってリンパ液となる。
- **リンパ液**：リンパ管を流れる体液。**リンパ液**には，白血球の一種である**リンパ球**が含まれ，免疫に関与する。**鎖骨下静脈**で再び血液と合流する。

[血液の循環]

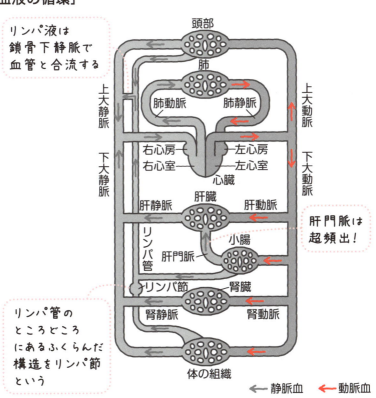

> | 動脈と静脈 |
>
> 動脈…心臓から送り出された血液が流れる。
> 静脈…心臓に戻る血液が流れる。

Point!

[心臓と血液循環]

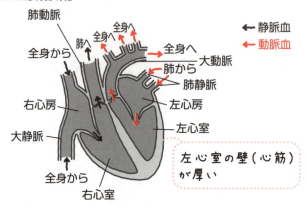

血液が体循環によって全身を循環
→含まれる酸素の量が少なくなった静脈血は大静脈を経て右心房に流入
→右心室から肺動脈によって肺へ
→肺で酸素を受け取った動脈血は，肺静脈を経て左心房に流入
→左心室から大動脈によって再び全身へ

>> 肝臓と腎臓

[肝臓の構造]

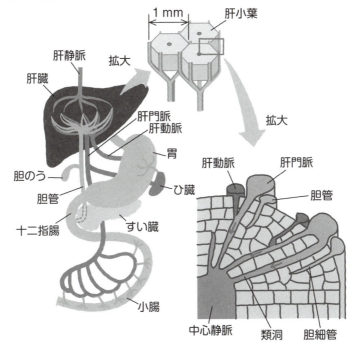

[肝臓のはたらき]

❶ 血糖濃度の調節
❷ タンパク質の合成と分解
❸ 解毒作用
❹ 尿素の合成
❺ 赤血球の破壊
❻ 胆汁の生成
❼ 体温の維持

[腎臓の構造]

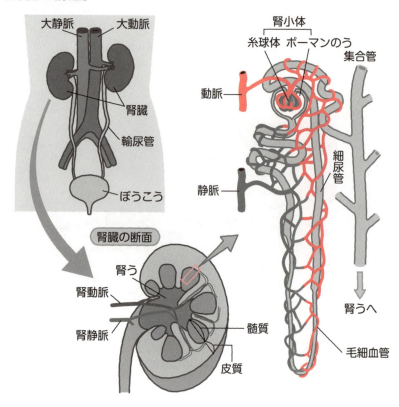

[腎臓のはたらき]
❶ ろ過
❷ 再吸収

≫ 自律神経系

[神経系]

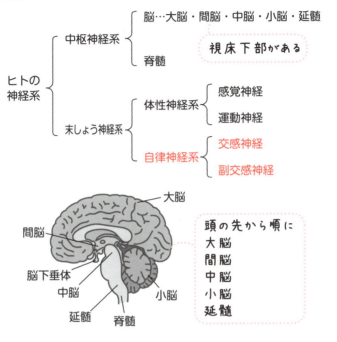

名称	おもなはたらき
大脳	記憶や判断といった高度な精神活動の中枢。
間脳	視床と視床下部に分けられる。視床下部は，自律神経系の中枢。
中脳	眼球の運動や瞳孔の大きさを調節する中枢。
小脳	からだの平衡を保つ中枢。
延髄	呼吸運動，心臓の拍動を調節する中枢。
脊髄	脳とからだの各部を連絡している。脊髄反射の中枢。

［自律神経系の分布］

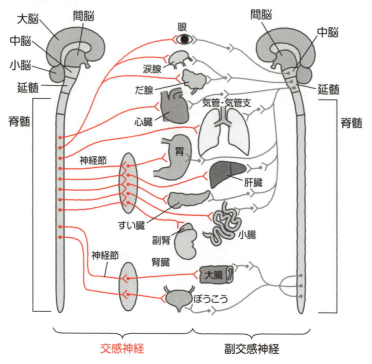

>> 内分泌系（ホルモン）

[内分泌系のまとめ]

内分泌系（ホルモン）のまとめ

Point!

- **内分泌系**：ホルモンによって，体内環境を調節するしくみ。ホルモンは，内分泌腺から血液中に分泌され，特定の組織や器官に作用する。ホルモンによる調節は，ゆっくりと起こるが，持続的。

自律神経系	内分泌系（ホルモン）
素早く作用する	ゆっくりと作用する
効果は一時的	効果は持続的
局所的に作用する	全身の標的器官に作用する

- **ヒトのおもな内分泌腺**：視床下部，脳下垂体，甲状腺，すい臓のランゲルハンス島，副腎
- **神経分泌**：脳の神経細胞がホルモンを分泌すること。ホルモンを分泌する神経細胞を神経分泌細胞という。
- **フィードバック**：最終的に分泌された産物が，はじめの段階に作用するしくみ。このしくみによってホルモン量は調節されている。

>> 血糖濃度の調節

[血糖濃度を低下させるしくみ]

> **Point!**
>
> ### 血糖濃度を低下させるしくみ
>
> ・**血糖**：血液に含まれるグルコース（ブドウ糖）。ヒトの血糖濃度は**約0.1%**（100 mg/100 mL）に保たれている。
> ・**インスリンのはたらき**
> 　　・肝臓や筋肉における**グリコーゲン**の合成を促進。
> 　　・組織の細胞におけるグルコースの取り込みと消費を促進。
> 　　→血糖濃度は低下。

- -

[血糖濃度を上昇させるしくみ]

> **Point!**
>
> ### 血糖濃度を上昇させるしくみ
>
> **グルカゴン，アドレナリン**
> 　　→肝臓や筋肉における**グリコーゲン**の分解を促進。
> **糖質コルチコイド**
> 　　→タンパク質からのグルコースの合成を促進。

- -

≫ 体温の調節

[体温を上げるしくみ]

> **Point!**
>
> | 体温を上げるしくみ |
>
> **交感神経**による，**皮膚の毛細血管と立毛筋の収縮**
> →**熱放散量の減少**
>
> **チロキシン，アドレナリン，糖質コルチコイド**の分泌による代謝の促進→**発熱量の増加**

≫ 体液濃度の調節

[哺乳類における体液濃度・体液量の調節]

> **Point!**
>
> | 体液量が減少した場合 |
>
> ・**バソプレシン**の分泌促進
> →**集合管での水の再吸収促進**
> →体液量が増加
> ・**鉱質コルチコイド**の分泌促進
> →細尿管での塩分（ナトリウムイオン）の再吸収促進
> →体液の塩類濃度が上昇
> →水の再吸収により体液量は増加

[単細胞生物の体液濃度の調節]
　　単細胞生物…濃度の異なる溶液が細胞膜を隔てて接する場合，
　　　水は濃度の低い方から高い方へと移動

[硬骨魚類の体液濃度の調節]

❶ 海水生硬骨魚類

海水生硬骨魚類	体液濃度＜海水
体内の水分が失われる 海水を飲む　塩分を排出　体液と等濃度の少量の尿	体内の水分が失われる。
	海水を飲んで腸から水分を吸収。
	体液と等濃度の尿を少量排出。
	過剰な塩分をえらから積極的に排出。

❷ 淡水生硬骨魚類

淡水生硬骨魚類	体液濃度＞淡水
体内に水が浸入する 塩分を吸収　体液より低濃度の多量の尿	体内に水が浸入する。
	水は飲まない。
	体液より低濃度の尿を多量に排出。
	不足する塩分をえらから積極的に吸収。

>> 免疫

[生体防御のしくみ]

> **Point!**
>
> | 物理的・化学的防御のまとめ |
>
> - **生体防御**：**物理的・化学的防御，自然免疫，適応免疫（獲得免疫）**という三重のしくみによって，体内環境が守られている。
> - **物理的防御**：皮膚の**角質層**，鼻や口・消化管・気管などの粘膜から分泌される**粘液**，細胞膜上に存在する**繊毛**の運動などによって，異物の侵入を防ぐ。
> - **化学的防御**：分泌物や**粘液**などによって，体表面が弱酸性に保たれ，細菌の繁殖を防ぐ。また，**リゾチーム**によって，細菌の細胞壁を破壊する。

[免疫]

❶ 免疫を担う器官と細胞

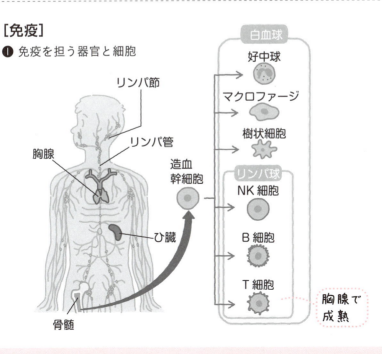

❷ 自然免疫

自然免疫…第2段階の防御機構。**好中球**や**マクロファージ，樹状細胞**など，異物を細胞内に取り込み，消化・分解して排除。

❸ 適応免疫（獲得免疫）

適応免疫（**獲得免疫**）…第3段階の防御機構。

[適応免疫（獲得免疫）のまとめ]

適応免疫（獲得免疫）のまとめ①

体液性免疫の流れ

抗原の侵入→樹状細胞による取り込み→抗原提示→ヘルパーT細胞の活性化→B細胞の活性化→B細胞が形質細胞（抗体産生細胞）に分化→抗体産生→抗原の排除

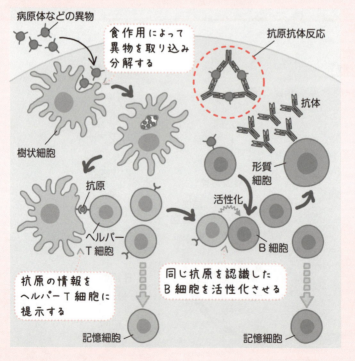

31

Point!

| 適応免疫（獲得免疫）のまとめ② |

細胞性免疫の流れ

抗原の侵入→樹状細胞による取り込み→抗原提示→キラーT
細胞やヘルパーT細胞の活性化→感染細胞などを直接攻撃

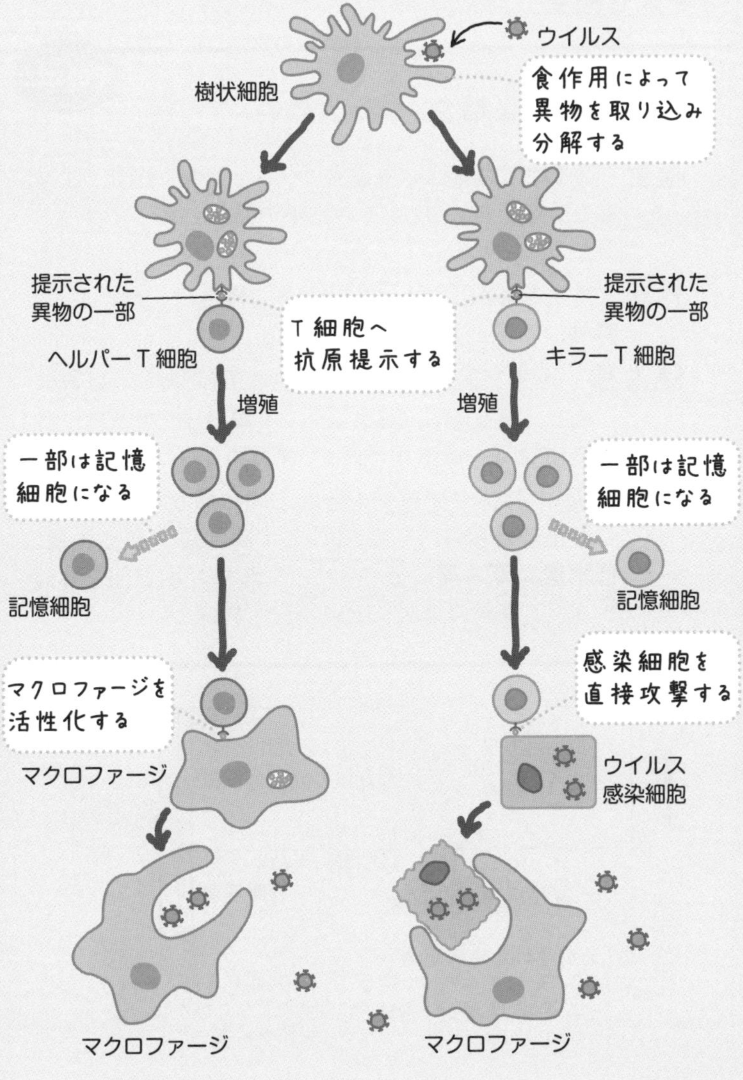

ウイルス

樹状細胞

食作用によって
異物を取り込み
分解する

提示された
異物の一部

ヘルパーT細胞

提示された
異物の一部

キラーT細胞

T細胞へ
抗原提示する

増殖

増殖

一部は記憶
細胞になる

一部は記憶
細胞になる

記憶細胞

記憶細胞

マクロファージを
活性化する

感染細胞を
直接攻撃する

マクロファージ

ウイルス
感染細胞

マクロファージ

マクロファージ

Chapter 4
植生の多様性と分布

≫ 環境と植生
[さまざまな植生]

> **Point!**
>
> ### さまざまな植生（まとめ）
>
> - **植生**：ある地域の気温や降水量といった気候に応じて生息する植物全体のこと。その地域の気候に応じた多様な植生がみられる。
> - **相観**：植生を外から見たときのようす。植生は相観によって**森林**，**草原**，**荒原**に大別される。
> - **優占種**：植生を構成する植物のうち，樹高あるいは草丈が高く，量も多く，地表面を広くおおっている種。植生の相観は，優占種によって特徴づけられる。
> - **階層構造**：森林で発達する垂直方向の層状構造。森林の最上部から順に，高さによって**高木層**，**亜高木層**，**低木層**，**草本層**に分けられる。森林の最上部を**林冠**といい，森林の地表に近い部分を**林床**という。

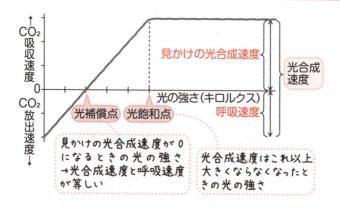

光合成速度のまとめ

Point!

- **光合成速度**：見かけの光合成速度と呼吸速度を足すことで求められる。
- **光補償点**：光合成速度と呼吸速度が等しくなり，見かけ上 CO_2 の吸収速度が 0 になるときの光の強さ。光補償点以下の光の強さでは，光合成速度を呼吸速度が上回るため，植物は生育できない。
- **光飽和点**：それ以上，光を強くしても光合成速度が大きくならなくなったときの光の強さ。

[陽生植物と陰生植物の光合成速度]

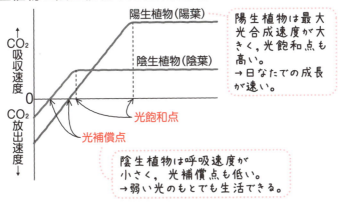

陽生植物は最大光合成速度が大きく，光飽和点も高い。
→日なたでの成長が速い。

陰生植物は呼吸速度が小さく，光補償点も低い。
→弱い光のもとでも生活できる。

> **Point!**

陽生植物と陰生植物の光合成速度

- **陽生植物**：日なたの光が強い場所での生育に適した植物。陰生植物と比較すると，呼吸速度，光補償点，光飽和点が高く，最大光合成速度が大きい。

  例 ススキ，アカマツ，クロマツ，コナラ

- **陰生植物**：林床付近などの比較的光が弱い場所での生育に適した植物。陽生植物と比較すると，呼吸速度，光補償点，光飽和点が低く，最大光合成速度が小さい。

  例 カタバミ，ブナ，シイ，タブノキ

>> 植生の遷移

[一次遷移]

> **Point!**

- **一次遷移**：土壌がない状態から始まる遷移。
- 一次遷移の流れ

  裸地・荒原 → 草原 → 低木林 → 陽樹林 →

  混交林 → 陰樹林（極相）

[二次遷移]

一次遷移と二次遷移のまとめ　Point!

🌱	遷移の始まり	遷移の初期	極相に達するまでの時間
一次遷移	火山の噴火，海上の新しい島	溶岩台地などの裸地（土壌なし）	長い
二次遷移	山火事，森林伐採，放棄された農耕地	すでに土壌がある。植物の種子や根がある。	短い

[先駆樹種と極相樹種の特徴]

おもに陽樹　　　　　おもに陰樹

	先駆樹種	極相樹種
①種子の散布力	強い	弱い
②種子の大きさ	小さい	大きい
③乾燥への耐性	強い	弱い
④貧栄養への耐性	強い	弱い
⑤日なたでの成長	速い	遅い
⑥耐陰性	弱い	強い
⑦成体の寿命	短い	長い
⑧樹高	低い	高い

遷移の初期　　遷移の後期

ドングリの実のような大型の種子をつける植物も多い。

暗い林床でも生育できる。

>> 気候とバイオーム

［バイオーム］

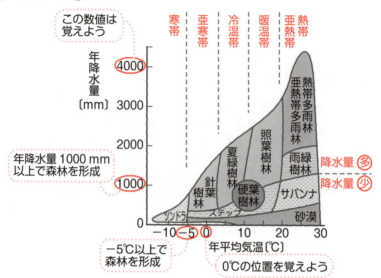

［世界のバイオーム］

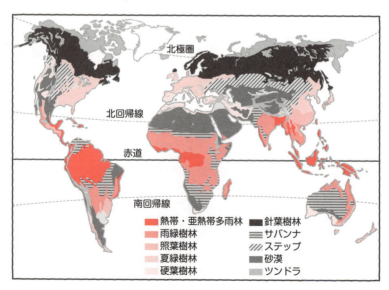

> **Point!**
>
> ## バイオームのまとめ
>
> - **バイオーム**（生物群系）：その地域の植生とそこに生息する動物や微生物などを含めた生物のまとまりのこと。陸上のバイオームは，おもにその地域の気温と降水量によって決定される。
> - 森林のバイオーム：
>   常緑広葉樹林…**熱帯多雨林，亜熱帯多雨林，照葉樹林，硬葉樹林**
>   落葉広葉樹林…**雨緑樹林，夏緑樹林**
>   針葉樹林　　…**針葉樹林**
> - 草原のバイオーム：**サバンナ，ステップ**
> - 荒原のバイオーム：**砂漠，ツンドラ**

[日本のバイオーム]

水平分布

針葉樹林
（亜寒帯）エゾマツ，トドマツ

夏緑樹林
（冷温帯）ブナ，ミズナラ，カエデ

照葉樹林
（暖温帯）シイ，カシ，クスノキ，ツバキ，タブノキ

鹿食った
シイ，カシ，クスノキ，ツバキ，タブノキ

亜熱帯多雨林　ガジュマル，アコウ，ビロウ，ヘゴ，
（亜熱帯）　　ソテツ，ヒルギ

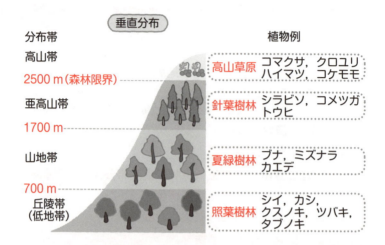

> **Point!**
> ### 日本のバイオームのまとめ
>
> ・日本のバイオーム：日本は降水量が十分であるため，バイオームの分布はおもに気温の違いによって決まる。
>
> ・**水平分布**：緯度に応じた水平方向のバイオームの分布。南から北に向かって**亜熱帯多雨林→照葉樹林→夏緑樹林→針葉樹林**の順に帯状に分布する。
>
> ・**垂直分布**：標高に応じた垂直方向のバイオームの分布。本州中部では，丘陵帯（低地帯）から高山帯に向かって**照葉樹林→夏緑樹林→針葉樹林→高山草原**の順に帯状に分布する。
>
> ・**森林限界**：亜高山帯と高山帯の境界線で，これよりも標高の高い場所では，低温と強風のため高木の森林はみられない。本州中部の場合は，標高**約 2500 m**。

Chapter 5 生態系とその保全

>> 生態系の成り立ち

[生態系の構造]

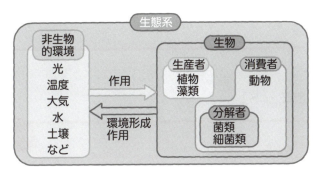

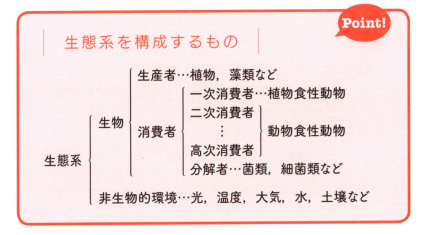

生態系を構成するもの Point!

[食物連鎖と食物網]

Point!

食物連鎖と食物網のまとめ

- **食物連鎖**：生態系において，被食者と捕食者が連続的につながっていること。
- **食物網**：生態系で，食う－食われるの関係が複雑な網目状になっていること。

[生態ピラミッド]

Point!

生態系の構造

- **栄養段階**：生産者を出発点とする，食物連鎖の各段階のこと。
  例 一次消費者，二次消費者など
- **個体数ピラミッド**：食物連鎖を構成する生物において，生産者を底辺にして，生物の個体数を栄養段階順に積み重ねたもの。
- **生物量ピラミッド**：食物連鎖を構成する生物において，生産者を底辺にして，生物の生物量を栄養段階順に積み重ねたもの。
- **生態ピラミッド**：個体数ピラミッドと生物量ピラミッドの二つのこと。

>> 物質循環とエネルギーの流れ

[炭素の循環]

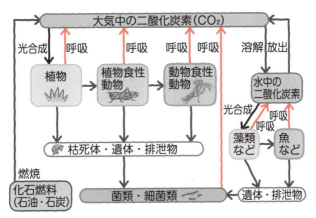

[窒素の循環]

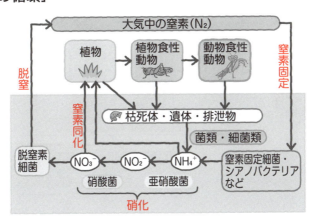

> | 窒素の循環のまとめ | **Point!**
>
> ・**窒素同化**：植物などが，アンモニウムイオンや硝酸イオンから有機窒素化合物を合成するはたらき。
> ・**窒素固定**：大気中の窒素（N_2）からアンモニウムイオン（NH_4^+）をつくるはたらき。**アゾトバクター**，**クロストリジウム**，**根粒菌**，**ネンジュモ**などが行う。
> ・**硝化**：土壌中のアンモニウムイオン（NH_4^+）が硝酸イオン（NO_3^-）になる反応。

[エネルギーの移動]

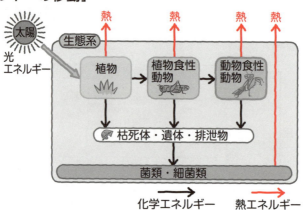

>> 生態系のバランス

[生態系のバランス]

Point!

生態系のバランスのまとめ

- **生態系の復元力**：生態系が，いったんかく乱されても，長い年月をかけてもとの状態に戻ること。
- **生態系のバランス**：生態系内で起こるかく乱と回復が，一定の範囲内に保たれていること。

[無機物・有機物の流入による水質汚染]

Point!

水質汚染と自然浄化

- **富栄養化**：川や海などにおいて，窒素（N）やリン（P）などの無機物が蓄積してその濃度が高くなる現象。
- **自然浄化**：川や海に有機物などの汚濁物質が流入したとき，多量の水による希釈や分解者による無機物への分解などにより，汚濁物質が減少する作用。

>> 人間活動と生態系の保全

| 人間活動と生態系の保全 | **Point!**

- **地球温暖化**：化石燃料の大量消費や森林の減少により，CO_2 のような温室効果ガスが増えたため，引き起こされたと考えられている。
- **生物濃縮**：分解されにくく，生体内に蓄積しやすい物質を生物が取り込んだ場合に，より高濃度で高次の消費者に蓄積していく現象。
- **酸性雨**：工場や自動車から放出された窒素酸化物や硫黄酸化物が，硝酸や硫酸に変わり，上空で雨水に溶けると，酸性雨になる。
- **絶滅危惧種**：絶滅のおそれのある生物。
- **レッドリスト，レッドデータブック**：絶滅の危機に瀕している生物を，その危険度ごとに分けてリストにまとめたものをレッドリストという。レッドリストの各生物の具体的な分布や生息状況，生息を脅かす要因などはレッドデータブックに記載されている。
- **生物多様性**：地球上には，さまざまな種が存在する。また，同じ種内においても遺伝子レベルでは違いがあり，生物は多様である。

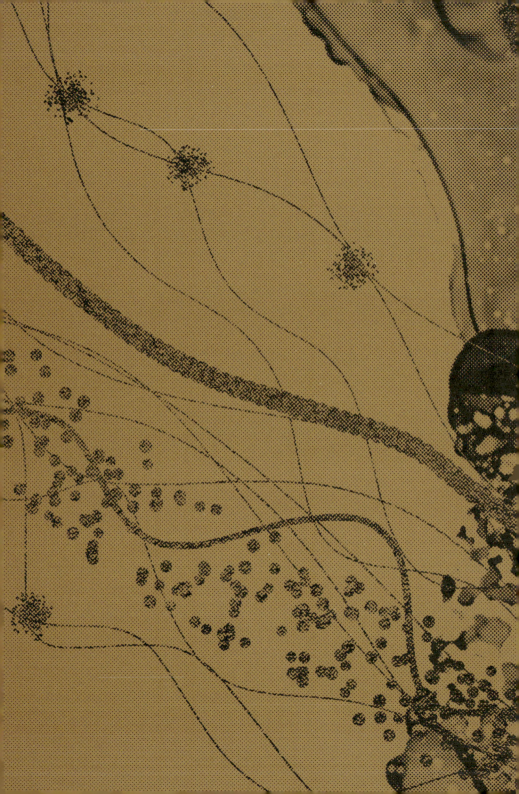